新型职业农民培育系列教材

脱毒马铃薯生产与产业经营

侯　宇　苏林富　姚元福　主编

中国农业科学技术出版社

图书在版编目（CIP）数据

脱毒马铃薯生产与产业经营／侯宇，苏林富，姚元福主编.—北京：中国农业科学技术出版社，2017.9

ISBN 978-7-5116-3265-4

Ⅰ.①脱⋯　Ⅱ.①侯⋯②苏⋯③姚⋯　Ⅲ.①马铃薯-栽培技术
Ⅳ.①S532

中国版本图书馆CIP数据核字（2017）第230920号

责任编辑　崔改泵
责任校对　马广洋

出 版 者	中国农业科学技术出版社
	北京市中关村南大街12号　邮编：100081
电　　话	（010）82106638（编辑室）　（010）82109702（发行部）
	（010）82109709（读者服务部）
传　　真	（010）82106650
网　　址	http：//www.castp.cn
经 销 者	各地新华书店
印 刷 者	北京富泰印刷有限责任公司
开　　本	850mm×1 168mm　1/32
印　　张	6
字　　数	156千字
版　　次	2017年9月第1版　2017年9月第1次印刷
定　　价	32.00元

《脱毒马铃薯生产与产业经营》
编　委　会

前　言

　　马铃薯在我国已经有 400 多年的栽培历史，是我国继小麦、水稻和玉米之后的第四大栽培作物。马铃薯具有很高的营养价值、巨大的增产潜力和广阔的产业发展前景，但马铃薯（土豆）主要是以块茎繁殖为主的作物，在生长期易被病毒侵染造成病毒性退化，且常受晚疫病、软腐病等多种病害威胁，使本属于高产作物的马铃薯常常不能高产稳产，所以必须种植脱除病毒的马铃薯，才能达到高产稳产的目的。

　　本书主要包括马铃薯的生物学特性、播前准备及播种、脱毒马铃薯的田间管理、脱毒马铃薯病虫害识别与防治技术、脱毒马铃薯的收获与贮藏、脱毒马铃薯种薯生产、脱毒马铃薯的经营管理等内容。

　　本书通俗易懂、内容丰富，从栽培到病虫害综合防治等进行了系统的阐述，适合广大马铃薯种植户、专业技术人员阅读。

　　由于编者水平有限，书中缺点、错误在所难免，敬请读者批评指正。

编　者
2017 年 7 月

目　　录

第一章　马铃薯的生物学特性

马铃薯是全球第四大粮食作物，我国第五大粮食作物，备受马铃薯生产国和地区的高度重视。马铃薯生育期短，可与玉米、棉花、蔬菜、果树等间作套种，显著提高土地和光能利用率。随着消费理念的转变和膳食结构的改变，马铃薯受到了越来越多的关注和喜爱。同时，马铃薯具有良好的营养价值和经济价值，是粮菜饲料和工业原料兼用的作物，可鲜食、可加工、可出口、可贮藏，广泛用于食品工业、淀粉工业、饲料工业和医药工业等，所以发展马铃薯前景广阔。总之，种植马铃薯能充分利用当地的自然优势和资源优势，并能较快地把这些优势转化为产品优势、商品优势和经济优势。

第一节　马铃薯形态特征及其生长

马铃薯是双子叶种子植物，植株由地上和地下两部分组成，按形态结构可分为根、茎、叶、花、果实和种子等几部分。作为产品器官的薯块是马铃薯地下茎膨大形成的结果。一般生产上均采用块茎进行无性繁殖。

地上部分包括茎、叶、花、果实和种子，茎叶生长旺盛是马铃薯高产所必需的。

地下部分包括根、地下茎、匍匐茎和块茎。

一、根系及其生长

马铃薯的根是吸收营养和水分的器官，同时还有固定植株的作用。

（一）根的形态结构特征

马铃薯不同繁殖材料所长出的根不一样。用薯块进行无性繁殖生的根，呈须根状态，称为须根系；而用种子进行有性繁殖生长的根，有主根和侧根的分别，称为直根系。生产上一般用薯块种植，下文主要讨论须根系。

根据根系发生的时期、部位、分布状况及功能的不同，须根分为两类：芽眼根和匍匐根。

1. 芽眼根

马铃薯初生芽的基部靠近种薯处密缩在一起的 3~4 节上的中柱鞘发生的不定根，称为芽眼根或节根。芽眼根是马铃薯在发芽早期发生的根系，分枝能力强，入土深而广，是马铃薯的主体根系（图 1-1）。

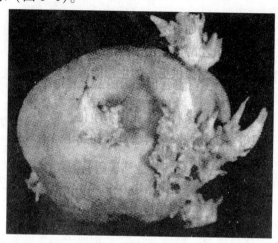

图 1-1　马铃薯芽眼根

2. 匍匐根

随着芽条的生长，在地下茎的上部各节上陆续发生的不定根，称为匍匐根。一般每节上发生 3~6 条，多数在出苗前均已发生，有的在出苗前可伸长达 10cm 以上。匍匐根分枝能力较弱，长度较短，一般为 10~20cm，分布在表土层。匍匐根对磷素有很强的吸收能力，吸收的磷素能在短时间内迅速转移到地上部茎叶中去。

马铃薯根的横切面为圆形，除保护组织外，区分为外皮层、内皮层、中柱韧皮部等部分（图 1-2）。

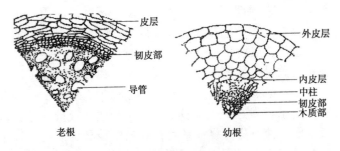

图1-2　马铃薯根的横切面

（二）根系的生长

马铃薯的根系一般为白色，只有少数品种是有色的。大部分根系分布在土壤表层30～70cm处，个别可深达1m以上。它们最初与地面倾斜向下生长，达30cm左右后，再垂直向下生长（图1-3）。

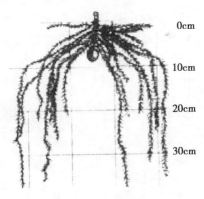

图1-3　根系的分布

马铃薯根系的生长表现为：块茎萌动时，首先形成幼芽，当幼芽伸长到0.5～1cm时，在幼芽的基部出现根原基，之后很快形成幼根，并以比幼芽快得多的速度生长，在出苗前就已形成了较强大的根群。从4叶期开始至块茎形成末期，根生长迅速，在地上部茎叶达到生长高峰值前2～3周，已经达到了最大生长量，到块茎增长期根系便停止生长。开花初期至地上部茎叶生长量达到高峰期间，根系的总干重、茎叶总干重与块茎产量之间存在着显著的正相关关系。因此，强大的根系是地上部茎叶生长繁茂，最后获得较高块茎产量的保证。

根系的数量、分枝的多少、入土深度和分布的幅度因品种而异，并受栽培条件影响。一般中、晚熟的根入土深，分布广；早熟品种根系不发达，生长较弱，入土较浅，根量和分布范围都不及晚熟品种。马铃薯根系发育的强弱与品种的抗旱性密切相关，凡抗旱性强的品种，根系的垂直和水平分布都深而广，根系拉力和根鲜重也随抗旱性的加强而提高。在干旱条件下，根系入土深，分枝多，总根量多，抗旱能力强；在水分充足的条件下，根系入土浅，分枝少，总根量亦少。因此，马铃薯生育前期降水量大或灌水多，土壤含水量高，后期发生干旱时，则抗旱能力降低，对产量影响较大。土层深厚、结构良好、水分适宜、富含有机养分的土壤环境，都有利于根的发育，抗旱和抗涝能力均强。及时中耕培土，增加培土厚度，增施磷肥等措施，都可以促进根系的发育，特别是有利于匍匐根的形成和发育。

二、茎的形态与生长

马铃薯的茎包括地上茎、地下茎、匍匐茎和块茎，形态和功能各不相同。

（一）地上茎

1. 地上茎形态结构特征

块茎芽眼萌发的幼芽或种子的胚茎发育形成的地上枝条称地上茎，简称茎。栽培种生长初期大多直立生长，后期因品种不同呈直立、半直立和匍匐等状态。茎的横切面在节处为圆形，节间部分为三棱、四棱或多棱；在茎的棱上由于组织的增生而形成突起的翼（或翅），沿棱作直线着生的，称为直翼，沿棱作波状起伏着生的，称为波状翼。茎翼的形态是识别品种的重要特征之一。

马铃薯的茎多汁，成年植株的茎，节部坚实而节间中空，但有些品种和实生苗的茎部节间始终为髓所充满，而只有基部是中空的。茎呈绿色，也有紫色或其他颜色的品种。

马铃薯实生苗幼茎的横切面为圆形，节间部分无棱和翼。成年植株的茎分枝多而细，多数直立，也有呈半匍匐状的，其他形态特征与块茎繁殖的相同。

2. 地上茎的生长

马铃薯由于种薯内含有丰富的营养物质和水分，在出苗前便形成了具有多数胚叶的幼茎。每块种薯可形成1至数条茎秆，通常整薯比切块薯形成的茎秆多。马铃薯茎的高度和株丛繁茂程度因品种而异，并受栽培条件影响。一般茎高 30~100cm，早熟品种较矮，晚熟品种较高。在田间密度过大，肥水过多时，茎长得高而细弱，节间显著伸长，有时株高可达 2m 以上，生育后期造成植株倒伏，严重影响叶片的光合作用，甚至造成茎秆基部腐烂，全株死亡。

马铃薯的茎具有分枝的特性，分枝形成的早晚、多少、部位和形态因品种而异。一般早熟品种茎秆较矮，分枝发生晚，分枝数少，多为上部分枝；中晚熟品种茎秆粗壮，分枝发生早而多，并以基部分枝为主。马铃薯茎的分枝多少，与种薯大小有密切关系，一般每株分枝 4~8 个，种薯大则分枝多，整薯播种比切块播种分枝多。

马铃薯茎的再生能力很强，在适宜的条件下，每一茎节都可发生不定根，每节的腋芽都能形成一棵新的植株。在生产和科研实践中，利用茎再生能力强这一特点，采用单节切段、剪枝扦插、育芽掰苗、压蔓等措施来增加繁殖系数，特别是在茎尖脱毒进行脱毒种薯生产时，利用茎再生能力强这一特点，采用茎切段的方法，可加速脱毒苗的繁殖。

马铃薯出苗后，叶片数量和叶面积生长迅速，但茎秆伸长缓慢，节间缩短，植株平伏地表，侧枝开始发生。进入块茎形成期，主茎节间急剧伸长，同时侧枝开始伸长。进入块茎增长期,地上部生长量达到最大值,株高达到最大高度,分枝也迅速伸长。因此,应在此期之前采取水肥措施,促进茎叶生长,使之迅速形成强大的同化系统;并通过深中耕、高培土等措施,达到控上促下,促进生长中心由茎叶迅速向块茎转移。

(二)地下茎

马铃薯的地下茎,即主茎的地下结薯部位。其表皮为木栓化的周皮所代替,皮孔大而稀,无色素层,横切面近圆形。由地表向下至母薯,由粗逐渐变细。

地下茎的长度因品种、播种深度和生育期培土高度而异,一般 10cm 左右。当播种深度和培土高度增加时,长度随之增加。地下茎的节数一般比较固定,大多数品种节数为 8 节,个别品种也有 6 或 9 节的。在播种深度和培土高度增加时,地下茎节数可略有增加。每节的叶腋间通常发生匍匐茎 1~3 条;在发生匍匐茎前,每个节上已长出放射状匍匐根 3~6 条。

(三)匍匐茎

1. 匍匐茎的形态结构特征

马铃薯的匍匐茎是地下茎节上的腋芽水平生长的侧枝,其顶端膨大形成块茎。匍匐茎一般为白色,因品种不同也有呈紫红色的。匍匐茎形态结构见图 1-4。

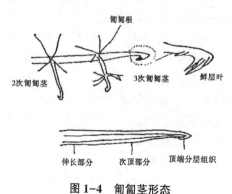

图 1-4 匍匐茎形态

2. 匍匐茎的生长

匍匐茎发生后，略呈水平方向生长，其顶端呈钥匙形的弯曲状，茎尖生长点向着弯曲的内侧，在匍匐茎伸长时，对生长点起保护作用。匍匐茎一般有 12~14 个节间。匍匐茎数目的多少因品种而异，一般每个地下茎节上发生 4~8 条，每株（穴）可形成 20~30 条，多者可达 50 条以上。匍匐茎愈多形成的块茎也愈多，但不是所有的匍匐茎都能形成块茎。在正常情况下匍匐茎的成薯率为 50%~70%。不形成块茎的匍匐茎，到生育后期便自行死亡。

匍匐茎的形成受体内激素平衡所控制。赤霉素（GA）和吲哚乙酸（IAA）对诱导匍匐茎的发生具有明显作用。长日照条件有利于体内赤霉素含量的增加，匍匐茎形成数量显著多于短日照条件。

用块茎繁殖的植株，其匍匐茎一般在出苗后 7~10 天发生。但因品种、播期和种薯状况不同而有很大差异；早熟品种比晚熟品种发生早，一般 5~7 叶发生匍匐茎，晚熟品种则在 8~10叶时才发生。在北方一作区提早播种的情况下，往往因为低温不能很快出苗，常在出苗前即形成匍匐茎；芽栽和种薯经过催芽处理，都能促进匍匐茎早形成。匍匐茎发生后 10~15 天即停止伸长，顶端开始膨大形成块茎（图 1-5）。

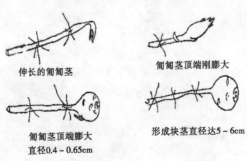

伸长的匍匐茎

匍匐茎顶端刚膨大

匍匐茎顶端膨大
直径0.4~0.65cm

形成块茎直径达5~6cm

图 1-5　匍匐茎顶端膨大形成块茎

匍匐茎具有向地性和背光性，略呈水平方向生长，入土不深，大部分集中在地表 1~10cm 土层内；匍匐茎长度一般为3~10cm，短者不足 1cm，长者可达 30cm 以上，野生种可长达1~3m。匍匐茎过长是一种不良性状，会造成结薯极度分散，不便于田间管理和收获。

匍匐茎比地上茎细弱得多，但具有地上茎的一切特性，担负着输送营养和水分的功能；在其节上还能形成 2~3 次匍匐茎。在生育过程中，如遇高温多湿和过量施用氮肥，特别是气温超过 29℃时，块茎不能形成和生长，常造成茎叶徒长和大量匍匐茎穿出地面而形成地上茎，严重影响结薯和产量。

（四）块茎

1. 块茎形态结构特征

马铃薯块茎是一缩短而肥大的变态茎，既是经济产品器官，又是繁殖器官。匍匐茎顶端停止极性生长后，由于皮层、髓部及韧皮部薄壁细胞的分生和扩大，并积累大量淀粉，从而使匍匐茎顶端膨大形成块茎（图1-6）。

图1-6 块茎外观形态

　　块茎具有地上茎的各种特征。块茎生长初期，其表面各节上都有鳞片状退化小叶，呈黄白或白色，块茎稍大后，鳞片状退化小叶凋萎脱落，残留的叶痕呈新月状，称为芽眉。芽眉内侧表面向内凹陷成为芽眼。芽眼有色或无色，有深、浅、凸之分，芽眼的深浅，因品种和栽培条件而异，芽眼过深是一种不良性状。每个芽眼内有 3 个或 3 个以上未伸长的芽，中央较突出的为主芽，其余的为侧芽（或副芽）。块茎发芽时主芽先萌发，侧芽一般呈休眠状态。只有当主芽受伤或主芽所生的幼茎因不良条件折断、死亡时，各侧芽才同时萌发生长。

　　芽眼在块茎上呈螺旋状排列，其排列顺序与叶片在茎上的排列顺序相同。顶部芽眼分布较密，基部芽眼分布较稀。块茎最顶端的一个芽眼较大，内含芽较多，称为顶芽。块茎萌芽时，顶芽最先萌发，而且幼芽生长快而健壮，从顶芽向下的各芽眼依次萌发，其发芽势逐渐减弱，这种现象称为块茎的顶端优势。块茎顶端优势的强弱因品种、种薯生理年龄、种薯感病程度而异。幼龄种薯和脱毒种薯，顶端优势较强。

　　块茎与匍匐茎连接的一端称为脐部或基部。

　　块茎的大小依品种和生长条件而异，一般每块重 50~250g，大块可达 1 500 g 以上。块茎的形状也因品种而异，但栽培环境和气候条件使块茎形状产生一定变异。一般可分为圆形、长圆形、椭圆形这 3 种主要类型，其余形状都是它们的变形而已。在正常条件下，每一品种的成熟块茎都具有固定的形状，是鉴别品种的重要依据之一。

　　马铃薯块茎皮色有白、黄、红、紫、淡红、深红、淡蓝等色。块茎肉色有白、黄、红、紫、蓝及色素分布不均匀等，食用品种以黄肉、淡黄肉和白肉者为多。通常黄肉块茎富含蛋白质和维生素。块茎的皮肉色是鉴别品种的重要依据之一。

　　马铃薯块茎的形状鉴别见下表。

表　马铃薯块茎的形状鉴别

基本型	形状	标准	举例
圆形	圆球形 扁圆形	长＝宽＝厚长＝宽＞厚	红纹白、乌盟601男爵、多子白
椭圆形	椭圆形	长＞宽＝厚	荷兰薯、西北果
	扁椭圆形	长＞宽＞厚	七百万、朝鲜白
长形梨形	长棒形梨形	长≥宽≥厚 长＞宽＞厚顶部 稍粗脐部稍细	五月后（May Jucen） 北京小黄山药小叶子

　　马铃薯块茎表皮光滑、粗糙或有网纹。块茎表面有许多小斑点，称为皮孔（或称皮目），是块茎与外界进行气体交换和蒸散水分的重要通道。皮孔的大小和多少因品种和栽培条件而异，在土壤黏重通透性差的情况下，皮孔周围的细胞大量增生而裸露，使皮孔张开，在块茎的表面形成了许多突起的小疙瘩，既影响商品价值，又易使病菌侵入，这种块茎耐贮性极差。

　　马铃薯块茎的解剖结构自外向里包括薯皮和薯肉两部分。薯皮即周皮，薯肉包括皮层、维管束环、外髓和内髓等部分（图1-7）。

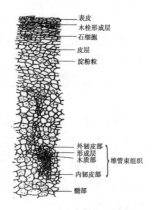

图1-7　块茎剖面细胞组织

周皮的主要功能是保护块茎，避免水分散失和不良环境的影响，防止各种微生物的入侵。

皮层由大的薄壁细胞和筛管组成。依靠薄壁细胞本身的分裂和增大使皮层扩大。皮层薄壁细胞中充满淀粉粒。

维管束环是马铃薯的输导系统，与匍匐茎维管束相连，并通向各个芽眼，是输导养分和水分的主要场所。

块茎髓部由含水分较多呈半透明星芒状的内髓和接近维管束环不甚明显的外髓组成。在幼小块茎中，髓与皮层比较，髓所占的比率较小，而在成熟的块茎中，髓所占的比率却很大。

2. 块茎的形成过程

马铃薯块茎的形成始于匍匐茎顶端开始膨大。匍匐茎顶端膨大时，最先从顶端以下弯钩处的一个节间开始膨大，接着是稍后的第二个节间也进入块茎的发育中。由于这两个节间的膨大，钩状的顶端变直，此时匍匐茎的顶部有鳞片状小叶。当匍匐茎膨大成球状，剖面直径达 0.5cm 左右时，在块茎上已有 4~8 个芽眼明显可见，呈螺旋形排列，并可看到 4~5 个顶芽密集在一起；当块茎直径达 1.2cm 左右时，鳞片状小叶消失，表明块茎的雏形已建成，此后块茎在外部形态上，除了体积的增大外，再没有明显的变化。

目前研究表明，块茎形成是在外界温度、光照、营养、水分等因素的影响下，体内多种激素共同参与与综合调控的结果。赤霉素（GA）推迟或阻碍块茎的形成，只有当匍匐茎顶端赤霉素减少到某一临界值时，才有块茎发生，而赤霉素的减少速度可因短日照、低温或使用某种生长抑制剂而加快。脱落酸（ABA）、细胞分裂素（CTK）、生长素（IAA）、乙烯、矮壮素（CCC）等则可促进块茎的发生。

3. 块茎的生长、膨大和增重过程

块茎的生长是一种向顶生长运动。最先膨大的节间位于块茎的基部，最后膨大的节间位于块茎的顶部。当顶端停止生长时，整个块茎也就停止生长。所以就一个块茎来看，顶芽最年轻，基部最年老。一个块茎从开始形成到停止生长经历 80~90 天，就一个植株块茎生长来看，要到地上部茎叶全部衰亡后才停止。可见一株上的块茎成熟程度是很不一致的。

块茎的膨大依靠细胞的分裂和细胞体积的增大，块茎增大速率与细胞数量和细胞增大速率呈直线相关。块茎发育初期（块茎直径<0.5cm）以皮层细胞的分裂和扩大为主，之后以髓部细胞的分裂活动为主。块茎的大小与块茎的生长速率和生长时间有密切关系，但生长速率是影响块茎大小的主要因素。块茎的体积与块茎绝对生长率的加权平均数呈极显著的直线正相关。

马铃薯块茎重量的增加，主要取决于光合产物在块茎中的积累及流向块茎的量，一切影响光合产物积累及其运转分配的因素，都会影响块茎增大增重。在生产实际当中，如土壤氮肥过多，造成植株地上部分贪青晚熟，使茎叶鲜重和块茎鲜重平衡期推迟出现，或者因土壤干湿交替，使生育后期地上部重新恢复生长，都会造成营养物质在块茎中的分配减少，甚至使已经分配在块茎中的物质又重新转入茎叶，从而影响块茎的增大增重。相反由于土壤贫瘠造成茎叶生长量不足、鲜重平衡期提早出现，或植株过早衰亡等，也会影响块茎的增大增重，降低产量和品质。

4. 块茎的二次生长

马铃薯生育期间由于气候反常，高温干燥交替出现，常使块茎发生二次生长，形成畸形块茎。常见的畸形块茎有（图 1-8）。

（1）块茎不规则延长，形成长形或葫芦形，对产量和品质影响较小。

（2）块茎顶芽萌发出匍匐茎，其顶端膨大形成次生薯，有时次生薯顶芽再萌发形成三次或四次生长，最后形成链状薯，这种类型对产量和品质影响较大。

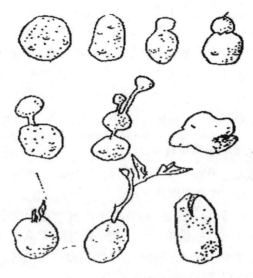

图1-8　块茎次生生长

（3）块茎顶芽萌发形成枝条穿出地面，这种类型对产量和品质影响最大。

（4）芽眼部位发生不规则突起形成瘤状块茎，这种类型对产量和品质影响较小。

（5）皮层或周皮发生龟裂，这种类型的块茎淀粉含量不降低，有时还略有增高。

马铃薯二次生长产生的原因，主要是土壤的高温干旱所致。在马铃薯块茎迅速增长期间，遇到高温干燥，使块茎停止生长，皮层组织产生不同程度的木栓化，在降雨或浇水后天气转凉，植株恢复生长，叶片制造的有机养料继续向块茎中输送，但是木栓化的周皮组织限制了块茎的继续增长，只有块茎的顶芽或尚幼嫩的部分皮层组织仍然可以继续生长，于是便形成了各种类型的畸形块茎，降低了马铃薯的产量和品质。在高温干旱和湿润低温反复交替变化的情况下，更加剧了二次生长现象的发生。

二次生长多发生在中熟或中晚熟品种上，排水不良和黏重土壤上也容易发生二次生长。防止二次生长的办法是：注意增施肥料，增强土壤的保水保肥能力；适当深耕，加强中耕培土；合理密植，株行距配置要均匀一致；注意选用不易发生二次生长的品种。

三、叶的形态特征及其生长

（一）叶的形态结构特征

马铃薯无论用种子或块茎繁殖，最初发生的几片叶均为单叶，以后逐渐长出奇数羽状复叶。

用种子繁殖时，在发芽时首先生出两片对生的子叶，然后陆续出现 3~6 片互生的单叶或不完全复叶（从第 4 片真叶开始出现不完全复叶），此时子叶便失去作用而枯萎脱落。从第 6~9 片真叶开始出现该品种的正常复叶。

用块茎繁殖时，马铃薯的叶第一片为单叶，全缘；第 2~5 片皆为不完全复叶；一般从第 5 片或第 6 片叶开始即为该品种固有的奇数羽状复叶。

每个复叶由顶生小叶和 3~7 对侧生小叶、侧生小叶之间的小裂叶、侧生小叶叶柄上的小细叶和复叶叶柄基部的托叶构成。顶生小叶通常较侧生小叶略大，某些品种的顶生小叶与其下的第 1 对侧生小叶连生；顶小叶形状和侧生小叶的对数等性状通常比较稳定，是鉴别品种的特征之一。着生于中肋上的侧生小叶，由于其着生的疏密不同，形成了疏散型和紧密型两种复叶。疏散型复叶，其各对侧生小叶、小裂叶和小细叶之间不互相接触，彼此间有一定的空隙。紧密型复叶，其侧生小叶、小裂叶和小细叶之间着生紧密，彼此间几乎无空隙，甚至有部分叶片互相重叠。马铃薯的复叶互生，在茎上呈螺旋形排列，叶序为 2/5 型、3/8 型或 5/13 型。叶片在空间的位置接近水平排列，有些品种的叶片略竖起或稍向下垂。

(二) 叶的生长

以马铃薯中晚熟品种晋薯 2 号 (主茎叶片 13~17 片) 为例, 其叶片的生长规律是: 马铃薯幼苗出土后, 经过 3~5 天主茎上即有 4~5 片叶展开, 以后每隔 2~3 天展开一片。植株顶端现蕾时, 主茎叶片全部展开, 至开花期主茎叶面积达最大值。主茎叶片从开始展开到全部枯死约 60 天。主茎叶面积占全株最高叶面积的 20%左右。

当主茎出现 7~8 片叶时, 侧枝开始伸长。当植株现蕾主茎叶全部展开时, 侧枝便迅速伸长且叶面积显著增大。到开花盛期, 主茎叶片已基本枯黄, 侧枝叶面积达到最大值, 是主茎叶面积的 2.2 倍, 占全株总叶面积的 58%~80%。马铃薯产量的 80%以上是在开花后形成的, 此时的光合叶片主要是侧枝叶片, 可见侧枝叶在马铃薯产量形成上是极其重要的。马铃薯植株的顶端分枝是从开花期迅速生长的, 其叶面积占全株总叶面积的 20%~40%。由于马铃薯顶端分枝属于假轴分枝, 所以分枝不断产生, 植株高度越来越高, 但最后形成分枝的枝条一般只有 3~4 个。

马铃薯一生中叶面积的消长可分为上升期、稳定期和衰落期。上升期一般从出苗至进入块茎增长期后 10~15 天, 其中出苗至块茎形成期, 叶面积增长大体上是呈指数规律变化。从块茎形成至进入块茎增长期后 10~15 天是马铃薯叶面积直线增长期, 是在 7 月上旬至 8 月初。此阶段是马铃薯叶面积增长最迅速的时期。在适宜的条件下, 平均每株每天增长约 $150cm^2$。稳定期是指叶面积达到最大值之后, 在一段时期内保持不下降或下降很少的时期。此阶段块茎增长极为迅速, 是块茎体积和重量增长的重要时期, 这段时期维持时间越长, 越有利于干物质积累。在栽培上保证充足的养分和水分供应, 加强晚疫病的防治, 尽量延长叶面积稳定期, 是获得高产优质的关键。衰落期是指叶片开始衰落至枯死的时期。这个时期由于部分叶片衰落, 叶面积系数减小, 田间透光条件得到改善, 个体和群体的矛盾得以缓和，再加上该期气候凉爽，昼夜温差大，有利于有机物质的合成和积累，是马铃薯块茎产量形成的重要阶段。因此，该期防止叶片过早过快衰落，尽可能延长绿叶功能期，对夺取块茎高产具有重要意义。

四、花序

（一）花的形态结构特征

马铃薯为双子叶显花植物，雌雄同株同花，花器大。花序为聚伞花序。花柄细长，着生在叶腋或叶枝上。每个花序有 2~5 个分枝，每个分枝上有 4~8 朵花。在花柄的中上部有一突起的离层环，称为花柄节。落花落果都是由这里产生离层后脱落的。花冠合瓣，基部合生成管状，顶端五裂，并有星形色轮。花冠有白、浅红、紫红及蓝色等，雄蕊 5 枚，抱合中央的雌蕊。雄蕊由花丝和花药组成，花药成熟时顶端裂开小孔散出花粉。花药有淡绿、褐、灰黄及橙黄等色。其中淡绿和灰黄色花药的花粉多为无效花粉，不能天然结实。雌蕊一枚，着生在花的中央，由花柱、柱头和子房组成。柱头呈头状或棒状，二裂或三裂，成熟时有油状分泌物。子房上位，由两个连生的心皮构成，中轴胎座，胚珠多枚。子房梨形和椭圆形，横剖面中心部的颜色与块茎的皮色和花冠基部的颜色相一致。

花冠及雄蕊的颜色、雌蕊花柱的长短及姿态（直立或弯曲）、柱头的形状等，皆为品种的特征。

（二）花的开放

马铃薯从出苗至开花所需时间因品种而异，也受栽培条件影响。一般早熟品种从出苗至开花需 30~40 天，中晚熟品种需 40~55 天。

马铃薯开花有明显的昼夜周期性，白天开放，夜间闭合，5~7 时开放，16~18 时闭合，第二天继续开放。开花后雌蕊即成熟。雄蕊一般在开花后 1~2 天才成熟散粉。马铃薯一朵花的开放时间为 3~5 天，一个花序可持续 10~15 天。早熟品种一般只抽一个花序，开花时间较短；晚熟品种可连续抽出几个花序，一个植株开花时间可持续 2 个月以上。

马铃薯是自花授粉作物，天然杂交率很低，一般在 0.5% 以下。品种间开花结实情况差异大。有些品种结实率很高，有些品种则结实率很低，有的甚至不能开花结实。

五、果实和种子

（一）果实

马铃薯的果实为浆果，呈圆形或椭圆形，果皮为绿色、褐色或紫绿色。成熟后多变成乳白色，并具芳香味。果实内含 100~250 粒种子。

（二）种子

马铃薯的种子为扁平卵圆形，籽粒很小，千粒重仅有 0.5~0.6g，由种皮、胚乳、胚根、胚轴和子叶组成。种皮表面毛糙，皮色有白、淡黄、紫红等。马铃薯实生种子其主要成分是脂肪，因此种子发芽缓慢，顶土力极弱。新收获的种子，一般有 6 个月左右的休眠期，充分成熟或经过日晒完成后熟的浆果，其种子休眠期可以缩短。经过 5~6 个月储藏的种子，在最适宜的发芽温度下（25℃左右），也需要 5~6 天才开始发芽，经过 10~15 天达到充分发芽。当年采收的种子，发芽率一般为 50%~60%，储藏一年的种子发芽率较高，一般可达 85%~90%。通常在干燥低温下储藏 7~8 年，仍具有发芽能力。如果在种子发芽前经过摩擦或用温水浸种处理，能显著促进发芽速度和提高发芽率。由于实生苗根系弱，子叶较小，在 3~4 片真叶前生长非常缓慢，故在播种实生种子时，要注意精细整地和苗期管理。

第二节　脱毒马铃薯良种生产现状与发展趋势

一、脱毒马铃薯良种生产现状

我国脱毒马铃薯良种应用面积仅为种植面积的20%左右，而发达国家在90%以上。目前，我国脱毒马铃薯原原种繁供能力还很低，真正意义上的脱毒原原种（微型薯）不足3亿粒，是阻碍国内脱毒种薯产业发展的主要原因；加之各地的质量标准不统一、检测手段落后和监督体系不健全，致使种薯质量参差不齐，已成为制约我国马铃薯产业向纵深发展最突出的问题。

另外，多年来我国马铃薯育种目标是以鲜食为主，且品种类型单一，适合油炸片、薯条和全粉加工的专用品种严重缺乏，这是当前我国马铃薯种薯生产比较薄弱的标志性现状，也是制约我国马铃薯产业发展的"瓶颈"。

目前，我国大部分地区缺乏健全有效的种薯繁育推广体系，一些供种商科技素质较低，生产上盲目调种十分严重。导致马铃薯品种更新换代滞后，生产上多为中晚熟和晚熟品种，品种与市场销售脱节。

二、脱毒马铃薯良种发展趋势

一是脱毒种薯需求逐渐增加。我国马铃薯种植面积将近8 000万亩*，年用种量需800万t左右，是世界上最大的种薯市场。随着农民对脱毒马铃薯认识的不断提高，需求量还将大幅度增加。

二是种源保障能力逐步提高。为适应现代农业建设新形势，切实保障国家粮食安全，满足马铃薯生产需要，有关专家呼吁在全国建立100个马铃薯脱毒中心，全面提升我国的脱毒马铃薯种源保障能力，以市场为导向，开展多目标的马铃薯品种繁育推广。在品种培育、技术研发、脱毒原原种生产、脱毒原种

---

* 1亩 ≈ 667m²，1hm² = 15亩。全书同

扩繁上，大力实施全领域拓展，源源不断地生产高质量的脱毒原种，供各地扩繁使用。从根本上建立自身的种薯繁育和质量检测管理体系，大力引进和推广优质微型种薯，建立规范的种薯繁育基地和推广供种体系，严格马铃薯脱毒种薯的质量管理。大面积推广应用优质脱毒种薯，提高产量和品质。

第三节　马铃薯产量形成与品质

一、马铃薯的产量形成

（一）马铃薯的产量形成特点

1. 产品器官是无性器官

马铃薯的产品器官是块茎，是无性器官，因此在马铃薯生长过程中，对外界条件的需求，前、后期较一致，人为控制环境条件较容易，较易获得稳产高产。

2. 产量形成时间长

马铃薯出苗后 7～10 天匍匐茎伸长，再经 10～15 天，顶端开始膨大形成块茎，直到成熟，经历 60～100 天的时间。产量形成时间长，因而产量高而稳定。

3. 马铃薯的库容潜力大

马铃薯块茎的可塑性大，一是因为茎具有无限生长的特点，块茎是茎的变态仍具有这一特点，二是因为块茎在整个膨大过程中不断进行细胞分裂和增大，同时块茎的周皮细胞也作相应的分裂增殖，这就在理论上提供了块茎具备无限膨大的生理基础。马铃薯的单株结薯层数可因种薯处理、播深、培土等不同而变化，从而使单株结薯数发生变化。马铃薯对外界环境条件反应敏感，受到土壤、肥料、水分、温度或田间管理等方面的影响，其产量变化大。

4. 经济系数高

马铃薯地上茎叶通过光合作用所同化的碳水化合物，能够在生育早期就直接输送到块茎这一储藏器官中去，其"代谢源"与"储藏库"之间的关系，不像谷类作物那样要经过生殖器官分化、开花、授粉、受精、结实等一系列复杂的过程，这就在形成产品的过程中，可以节约大量的能量。同时，马铃薯块茎干物质的83%左右是碳水化合物。因此，马铃薯的经济系数高，丰产性强。

（二）马铃薯的淀粉积累

1. 马铃薯块茎淀粉积累规律

块茎淀粉含量的高低是马铃薯食用和工业利用价值的重要依据。一般栽培品种，块茎淀粉含量为12%~22%，占块茎干物质的72%~80%。

块茎淀粉含量自块茎形成之日起就逐渐增加，直到茎叶全部枯死之前达到最大值。单株淀粉积累速度是块茎形成期缓慢，块茎增长至成熟期逐渐加快，成熟期呈直线增加，积累速率为2.5~3g/天·株。各时期块茎淀粉含量始终高于叶片和茎秆淀粉含量，并与块茎增长期前叶片淀粉含量、全生育期茎秆淀粉含量呈正相关。即块茎淀粉含量决定于叶子制造有机物的能力，更决定于茎秆的运输能力和块茎的贮积能力。

全生育期块茎淀粉粒直径呈上升趋势，且与块茎淀粉含量呈显著或极显著正相关。

块茎淀粉含量因品种特性、气候条件、土壤类型及栽培条件而异。晚熟品种淀粉含量高于早熟品种，长日照条件和降水量少时块茎淀粉含量提高。壤土上栽培较黏土上栽培的淀粉含量高。氮肥施用量多，则块茎淀粉含量低，但可提高块茎产量。钾能促进叶子中的淀粉形成，并促进淀粉从叶片向块茎转移。

2. 干物质积累分配与淀粉积累

马铃薯一生单株干物质积累呈"S"形曲线变化。出苗至块茎形成期干物质积累量小，且主要用于叶部自身建设和维持代谢活动，叶片中干物质积累量占全部干物质的54%以上。块茎形成期至成熟期干物质积累量大，并随着块茎形成和增长，干物质分配中心转向块茎，块茎中积累量占55%以上。成熟期，由于部分叶片死亡脱落，单株干重略有下降，而且原来储存在茎叶中的干物质的20%以上也转移到块茎中去，块茎干重占总干重的75%~82%。总之，全株干物质在各器官分配前期以茎叶为主，后期以块茎为主，单株干物质积累量越多，则产量和淀粉含量越高。

二、马铃薯的品质

马铃薯按用途可分为鲜食型、食品加工型、淀粉加工型、种用型几类。不同用途的马铃薯其品质要求也不同。

（一）鲜食型马铃薯

鲜食型薯，要求薯形整齐、表皮光滑、芽眼少而浅，块茎大小适中、无变绿；出口鲜薯要求黄皮黄肉或红皮黄肉，薯形长圆或椭圆形，食味品质好，不麻口，蛋白质含量高，淀粉含量适中等。块茎食用品质的高低通常用食用价来表示。食用价=蛋白质含量/淀粉含量×100，食用价高的，营养价值也高。

（二）食品加工型马铃薯

目前我国马铃薯食品加工产品有炸薯条、炸薯片、脱水制品等，但最主要的加工产品仍为炸薯条和炸薯片。二者对块茎的品质要求如下。

1. 块茎外观

表皮薄而光滑，芽眼少而浅，皮色为乳黄色或黄棕色，薯形整齐。炸薯片要求块茎圆球形，大小40~60mm为宜。炸薯条要求薯形长而厚，薯块大而宽肩者（两头平），大小在50mm以上或200g以上。

2. 块茎内部结构

薯肉为白色或乳白色，炸薯条也可用薯肉淡黄色或黄色的块茎。块茎髓部长而窄，无空心、黑心、异色等。

3. 干物质含量

干物质含量高可降低炸片和炸条的含油量，缩短油炸时间，减少耗油量，同时可提高成品产量和质量。一般油炸食品要求22%~25%的干物质含量。干物质含量过高，生产出来的食品比较硬（薯片要求酥脆，薯条要求外酥内软），质量变差。由于比重与干物质含量有绝对的相关关系，故在实际当中，一般用测定比重来间接测定干物质含量。炸片要求比重高于1.080，炸条要求比重高于1.085。

4. 还原糖含量

还原糖含量的高低是油炸食品加工中对块茎品质要求最为严格的指标。还原糖含量高，在加工过程中，还原糖和氨基酸进行所谓的"美拉反应"（Maillard Reaction），使薯片、薯条表面颜色加深为不受消费者欢迎的棕褐色，并使成品变味，质量严重下降。理想的还原糖含量约为鲜重的0.1%，上限不超过0.30%（炸片）或0.50%（炸薯条）。块茎还原糖含量的高低，与品种、收获时的成熟度、储存温度和时间等有关。尤其是低温储藏会明显升高块茎还原糖含量。

（三）淀粉加工型马铃薯

淀粉含量的高低是淀粉加工时首要考虑的品质指标。因为淀粉含量每相差1%，生产同样多的淀粉，其原料相差6%。作为淀粉加工用品种，其淀粉含量应在16%或以上。块茎大小以50~100g为宜，大块茎（100~150g）和小块茎（50g以下者）淀粉含量均较低。为了提高淀粉的白度，应选用皮肉色浅的品种。

（四）种用型马铃薯

1. 种薯健康

种薯要不含有块茎传播的各种病毒病害、真菌和细菌病害。

纯度要高。

2. 种薯小型化

块茎大小以 25~50g 为宜，小块茎既可以保持块茎无病和较强的生活力，又可以实行整播，还可以减轻运输压力和费用，节省用种量，降低生产成本。

第二章 播前准备及播种

第一节 选用优良脱毒马铃薯品种

马铃薯种植区域广泛，不同的栽培区域要求选用具不同特性的品种，具体的栽培品种见上面的品种介绍。北方一季作区马铃薯栽培历史悠久，产业化程度高，各地都有较多的地方品种，适宜种植的品种较多，以选择种植高产、抗晚疫病、抗病毒病的中晚熟或晚熟的专用型（鲜食或淀粉加工）品种为主，以种植少部分早熟或中早熟鲜食菜用型品种为辅，以供应当地蔬菜市场或为中原地区提供种薯。

中原春秋二季作区春秋两季马铃薯的生长期都只有 80~90天，因此应选择高产、休眠期短、抗病毒病、薯形好的早熟或块茎膨大速度快的早中熟品种。南方秋冬或冬春马铃薯二季作区因不能生产种薯，每年必须从北方一季作区的种薯生产基地大量调种薯。该区晚疫病和青枯病发生较严重，栽培的品种类型应选用对光照不敏感的中晚熟及适合出口的品种，北方一季作区的中晚熟品种引至该区种植后一般表现优良且生育期变短。西南马铃薯一、二季作垂直分布区低海拔地区无霜期可达 260~300 天，适于马铃薯二季栽培，选用中早熟马铃薯品种；中海拔地区马铃薯可以和玉米套种，实现两季栽培，选用早熟品种；在高海拔地区，因有效积温少，只能种植一季马铃薯，选用中晚熟品种。

第二节 脱毒马铃薯的区域生态与种植模式

一、区域生产与种植模

（一）栽培季节

马铃薯的栽培方式多种多样，根据栽培季节可分为早春保护地栽培（保护设施有日光温室，拱圆形大棚、中棚和小棚，地膜覆盖栽培）、春季露地栽培和秋季栽培等。加工原料薯生产主要是春季露地栽培，目前基本上没有进行保护地栽培的，其原因是成本高，相对来说收购价格偏低，经济效益不如种植鲜薯。

目前有相当面积的马铃薯是与其他作物进行间作套种栽培的，可以间作套种的作物包括粮食作物、蔬菜作物、瓜类作物等。通过间作套种可以充分利用自然资源，提高单位面积的产值。与粮食作物间作套种，既可以保证粮食安全，又能增加农民的经济收入，是一种很好的种植模式。

（二）茬口安排

因为保护地生产保护设施投资较大，所以为充分发挥大棚的作用，应搞好茬口安排。

（1）日光温室的茬口安排。日光温室的保温效果较好，一般于马铃薯栽培之前进行一茬喜温蔬菜秋延迟生产，例如秋延迟栽培黄瓜、番茄等。马铃薯于黄瓜、番茄拉秧之前30天进行催芽，前茬作物收获后及时整地播种马铃薯，马铃薯收获后可以接种西瓜、甜瓜等。西瓜、甜瓜也应提前30天育苗，如果采用嫁接栽培，则应提前45天左右育苗。

（2）大拱棚三膜覆盖栽培的茬口安排。利用大拱棚进行秋冬菠菜生产，10月初播种，元旦前后收获，1月上中旬播种马铃薯。马铃薯收获后定植辣椒、茄子、番茄等，也可以种植西瓜、甜瓜、豆角等。前三种作物应提前60天左右开始育苗。这茬作物收获后，再播种耐热的速生蔬菜，如夏白菜、越夏萝卜等。

（3）大田栽培茬口安排。春季生产中的茬口安排有以下几种：一是可以和多种作物间作套种，马铃薯收获后间作或套种作物生长，间作或套种作物收获后种植秋茬作物。二是马铃薯收获后种植一茬耐热的速生作物，如耐热蔬菜、绿豆等。这茬作物收获后种植秋季蔬菜，如大白菜、萝卜、花椰菜、秋甘蓝等。三是马铃薯收获后接茬生长期较长的秋季作物，如大葱等。

二、北方和西北一季作地区

北方和西北一季作地区的主产区包括黑龙江、吉林、辽宁、内蒙古、河北北部、陕西北部、山西北部、宁夏、青海及甘肃等。这些地区年无霜期在 140～170 天，年平均温度不超过 10℃，最热月平均温度不超过 24℃，年降水量 200～600mm，马铃薯产为一年一季，生长期间多为 5—9 月。西北地区和华北地区的年降水量少，且大多分布在 7—9 月。春季气温低，回暖和干旱是本区的气候特征，因此，其主要栽培特点如下。

（1）深耕保墒。春播土壤墒情主要靠上年秋耕前后储存的水分和冬季积雪融化的水分。因此在秋季应结合施用有机肥料深耕，增强土壤蓄水保墒能力和养分供应。来年春播直接开沟播种可减少土壤水分损失，并有利于播种后早出苗和幼苗生长。

（2）选用晚熟品种。若播种早熟品种，会因播后气温低、干旱、缺水缺肥而引起前期生长缓慢，后期早衰，产量很低。最好在有灌溉条件的地块种植早熟品种早收作菜用或生产种薯，但播后应覆盖地膜。一般情况下应播种较抗旱的中晚熟或晚熟品种，在早春时能慢慢正常生长，而雨季与植株生长高峰期和结薯、薯块膨大期一致，可获丰产。另外，雨季到来后易发生晚疫病，因此还应选用抗晚疫病的品种。

（3）施肥、播种。一般平播和顺犁沟播种。为了保墒，秋季整好地，春季开沟播种、施肥一次完成，但基肥必须是腐熟的农家肥和化肥，以防烧芽烧根。播种密度一般每亩 3 500～5 000 株。华北和西北地区春季风沙大，宜深播，播后覆土 10cm 左右为宜，并镇压、耙平，有利于保墒和幼苗早发。镇压要根据土壤墒情进行，防止土壤板结。

（4）田间管理。根据本区的特点，田间管理的重点如下。

①早除草，适当晚培土。前期防止土壤失水，除草宜早动、浅锄，不宜深锄以免造成水分损失。封垄前培好土，并根据苗

情追肥。有灌溉条件的应结合第一次除草追肥灌水，追肥宜早不宜晚。

②及时防病治虫。晚疫病流行时要及时防治，发现中心病株时，要把周围的植株作为防治和喷药的重点并及时全田喷药，防止病害蔓延。及时除去患环腐病、黑胫病等病株和块茎。发现二十八星瓢虫的幼虫应及时喷药，每隔 2~3 天喷 1 次，连续2~3 次可控制虫害，喷药时要注意喷叶背面以杀卵从而提高防治效果。

③易涝的地区应在植株封垄前高培土，地头深挖排水沟，防止田间积水。

三、中原二季作地区

包括辽宁、河北、陕西、山西 4 省的南部，湖北、湖南 2 省的东部，河南、山东、江苏、浙江、安徽、江西等 6 省的全部。年无霜期在 200~300 天，年平均温度在 10~18℃，最热月平均温度可高达 22~28℃，年降水量 500~1 500 mm，春季为商品薯生产，秋季多为种薯生产。黄淮流域春薯 2—3 月播种，6—7 月收获；8 月播种秋薯，10 月底或 11 月初收获。长江流域春薯在 1—2 月播种，5—6 月收获；秋薯在 9 月播种，12 月收获。主要栽培技术如下。

（1）春薯生产。春马铃薯一般为商品薯生产，在初夏蔬菜淡季时供应市场。播种时土壤解冻慢、雨水少，出苗后，回暖快，后期高温，生育期短。高产高效的主要技术措施如下。

①早播早管理早收，及早供应市场，提高农民的经济收入。首先种薯要催大芽，以利播后早发棵、早结薯。土壤解冻后立即灌水、施肥、整地，播种时覆盖地膜，提高土壤表层温度，防止种薯产生子块茎，影响出苗率，同时保持土壤湿度，有利幼苗早出土。加盖地膜一般可提前 10~15 天收获。地膜覆盖播种深度以 6~8cm 为宜，不宜太深，促进早出苗。若无地膜覆盖，应在土壤 10cm 深度温度达 7~8℃时播种。出苗后当植株高

15~20cm 时应及早培土，现蕾前高培土，促进早结薯和薯块膨大，防止块茎外露而变绿影响商品性。一般不追肥，若要追肥，宜早不宜晚，宜少不宜多。生长后期气温升高，雨水增加，注意排水和防止植株徒长。应在雨季到来前或在连绵阴雨前抢晴天收获。

②选用结薯早的早熟和极早熟品种。二季作地区一般水肥条件较好，应选用结薯早的特早熟、早熟或中熟品种。茎叶枯黄早的品种不如生理晚熟而结薯早的品种丰产性好，因此，在北部地区要选用结薯早、膨大快、植株不早衰的早熟和特早熟品种。在较南地区可选用结薯早、前期膨大快的早熟和中早熟品种。但在选用中熟品种时一定要试种，否则到 6 月中旬后，因气温高、雨水多、昼夜温差小，块茎基本不膨大而影响产量，且易发芽和发生烂薯。

（2）秋季生产。二季作地区夏季气温高、雨水多，不适合马铃薯的播种和生长，秋季生长前期温度高、季节短、产量较低，一般作种薯生产。

①及时催芽整薯播种。秋薯一般用春季收获的马铃薯作种薯，因收获和播种间隔时间短，薯块来不及解除休眠，所以秋季播种应提前使用化学或物理方法催芽打破休眠，促进出苗整齐。一般薯种用 5~10mg/L 的赤霉素溶液浸泡或喷洒，置于10cm 厚的沙土上摊成薄薄的一层后，上盖 3~5cm 厚的沙土。沙土以半湿状态为宜，不要过湿、过干，在催芽过程中如沙土变干可用洒水壶喷水。要防雨、防晒，防止催芽种薯腐烂。一般1~2 周后芽长 2cm 左右即可播种。秋季应用整薯播种，若切块则要在催芽前用防腐防病药剂处理种薯。播种时注意不碰伤块茎上的芽，为防涝可起垄播或平栽后培土成垄，以便排水，防止种薯腐烂。种薯生产的播种密度可增加到每亩 1 万株左右，以生产小种薯。商品薯或加工原料生产密度以每亩 5 000 株为宜。

②田间管理。秋播后因气温高、雨水多，田间杂草生长快，

应及时松土除草。种薯生产田要及时喷药和灌水，防止蚜虫和疮痂病的发生和发展。种薯田还要及早拔除退化株和其他病株。商品薯生产要特别注意培土，防止薯块外露，以确保食用品质。

四、南方冬作区

包括广东、广西壮族自治区、福建、台湾、海南及云南等省（区）的大部地区或部分地区。无霜期在 300 天以上，年平均温度在18~24℃，最热月平均温度在 28℃以上，最冷月平均温度在16~20℃，年降水量 1 500~2 000 mm，气候特点为夏长、冬暖，基本上终年无霜。栽培季节多在冬、春二季。秋季水稻收获后利用冬闲田种植一季马铃薯，10—11 月播种，第二年2—3 月收获。这一时期的月平均气温大多在 14~19℃，对马铃薯生长十分有利，但雨水较少的旱季，马铃薯生长仍需浇水。冬作区不能自己留种，需要选用外地调入的脱毒种薯。主要栽培技术特点如下。

（1）高畦或高垄栽培、早种早收获高产。在水稻收获前半个月左右放干田间积水，收稻后墒情合适时耕耙整地、做畦。一般畦高 30cm 左右，宽 90cm，两畦间沟宽 25cm。整地时掺匀撒施农家肥每亩 1 500~2 500 kg、复合肥 25~30kg，使肥料集中于畦内。播种用脱毒小种薯或大种薯切块，播前催芽，每畦播种 4 行，行距 20cm，株距 40cm，每亩播种 3 500~4 500 株。开沟播种或穴播，播种深以 10~12cm 为宜。

（2）选用早熟和适合鲜薯出口的品种。冬作区的马铃薯生产除供当地市场外，还大量出口港澳和东南亚国家，尤其是近年来发展高效优质农业，使这些地区的马铃薯播种面积迅速增加。因此，应选用早熟、中早熟的鲜薯食用和鲜薯出口品种，以增加产量和提高经济效益。这些品种一般都不抗晚疫病，冬播期间虽然雨水少、气温较低、生长期短，但一般病害不重。从外地调种若种薯带病，播后烂种，将影响产量。另外，要利用水旱轮作、倒茬等方法防止青枯病蔓延。

（3）加强田间管理、增加薯块商品性。一般播后 20 天齐苗，如基肥不足应及时追肥、灌水。苗高 15cm 左右时要及时松土、除草和培土，防止块茎外露。植株封垄后不宜再追肥。植株生长过程中应适量浇水，不可缺水，以免引起薯块畸形，影响商品性和出口。

（4）收获与储藏。商品薯收获前 10 天左右停止浇水，选择晴天收获，用筐装运以免损伤块茎表皮。边收获边分级，将大小薯块分开。收获后最好马上出口或上市，否则需放在黑暗的房内储藏或遮光储藏，避免薯块长时间见光，以免表皮变绿影响品质。

五、西南一二季混作区

西南高原的云、贵、川、藏因立体农业分布的影响，依不同的海拔高度，一作、二作交互出现。主产区包括云南、贵州、四川以及湖南、湖北省的西部山区，这些地区一年四季均有马铃薯收获。在栽培上兼有其他地区的特点，但降水多、湿度大，是晚疫病、青枯病和癌肿病的多发区，因此要选用抗病品种。

另外，在这一种植区马铃薯常和玉米、棉花等作物间作套种。结薯早，生长期短，植株较矮，直立型的马铃薯品种与粮、棉作物共生期短，间作套种无明显不良影响，反而有利于玉米、棉花等作物的生长。据统计，间作套种总收入可增加 30%～40%。

第三节　脱毒马铃薯地块选择与基本建设

马铃薯喜微酸性土壤，比较适宜的 pH 值范围是 4.8～7.0。马铃薯种植应选择地势较高、土地平坦、排灌方便的地块，以防雨后田间积水，造成烂种死苗，薯块膨大不良而减产。要合理轮作，切忌连作。前茬以黄瓜、西瓜、豆类、大蒜、洋葱、小麦、油菜等为好，不能以番茄、茄子、辣椒等茄科蔬菜作前茬。

土层深厚的土壤利于马铃薯块茎的膨大，在耕作时要求耕深25~35cm。在中原二季作区秋冬深耕利于土壤的熟化，是土壤深厚疏松的基础。土壤耕作时施入 3 000~5 000 kg 优质农家肥和 30~40kg 复合肥。现在在生产上，许多农民不施农家肥，只施用化肥，导致土壤板结，理化性质变劣，应引起重视。在播种前，起垄或做畦，以便于排灌和薯块的膨大。南方秋冬或冬春马铃薯二季作区因前茬为水稻，土壤湿度大，栽培马铃薯时需要在整地时做高畦或高垄小畦。

对于有地下害虫的地块，应拌毒饵撒施于地表。

第四节　脱毒马铃薯整地施肥

一、整地

（一）冬耕的作用及时间

秋季作物收获后，到翌年春季种植马铃薯还有 3 个多月。这期间正是天寒地冻的冬季，土地处于冬闲状态，生产要求把土壤耕翻晒垡。

（1）冬耕可以熟化土壤。土壤冬耕后，经过不断上冻和化冻，使其熟化、结构疏松。

（2）增强土壤的储能性。土壤经过冬耕熟化后变得疏松，透气性好了，因而土层内气体的储量、水分的储量都有所增加，春季土壤温度回升的速度加快。因为土壤的理化性质得到了改善，所以也有利于土壤养分的分解。

（3）冬耕的适宜时间及深度。冬耕土壤的主要目的是靠低温消灭土传病虫害。在晚秋季节，随着温度的降低，地下害虫逐渐下潜到深层土壤中越冬或化蛹，成虫也把卵产在土壤较深的地方。如果冬耕偏早，害虫有可能继续下潜到不受冻的土层内，达不到杀灭的目的。适宜的冬耕时期是在开始上冻之前，这样害虫就没有下潜的机会了。

冬耕应该尽可能深耕，一般以 35~40cm 为好，至少要在

30cm 左右。

（二）整地方法

马铃薯的产品器官——块茎着生于土壤中，其生长发育及膨大需要充足的氧气，因此要求土壤具有良好的透气性，同时要求土壤含水量适宜，灌溉或下雨后土壤不板结。由此可见，马铃薯对土壤是比较挑剔的。马铃薯田首先要进行深冬耕，开春化冻后及时旋耕打碎土块，然后耙平。如果冬季干旱，早春要提前灌水造墒，然后旋耕耙平。

二、施肥

（一）肥料种类

1. 尿素

尿素 [CO（NH$_2$）$_2$] 氮含量 45%～46%，是固体氮肥中含氮量最高的氮肥品种，也是我国重点发展的氮肥品种(图 2-1)。

图 2-1　尿素

（1）性质。

①白色结晶，易溶于水；它在水中的溶解度比 NH_4NO_3 小，但比硫铵大，在水溶液中呈中性。

②干燥时具有良好的物理性状，但在高温、高湿条件下易潮解，在工业生产上常在其中加入疏水物质或制成颗粒状以降低尿素的吸湿性。

③尿素本身不含有缩二脲，但在生产过程中会产生缩二脲，含量高时对作物生长有害作用，尿素中缩二脲的含量要求不超过 1%。

（2）施入土壤中的转化。尿素施入土壤后，溶解在土壤溶液中，一部分以分子态形式存在于土壤溶液中，另一部分尿素分子能与黏土矿物或腐殖质以氢键的方式结合在一起，在一定程度上能减少尿素的流失；主要的是 $CO(NH_2)_2$ 在土壤中脲酶的作用下水解转化为 $(NH_4)_2CO_3$，在中性反应条件，适当的含水量时，温度越高，分解转化越快，这个水解过程，夏天 1~3 天即可完成，冬天大概要 7 天。

由于尿素在土壤中水解转化产生的 $(NH_4)_2CO_3$ 不稳定，会有氨的挥发等损失，所以尿素的施用应深施覆土。

尿素转化为 $(NH_4)_2CO_3$ 后，使土壤 pH 值上升，但是随着硝化作用的进行和作物对 NH_4^+ 的吸收，pH 值又会有所下降，所以总体上讲在一般用量条件下尿素对土壤酸碱反应影响不大。

（3）施用。尿素可做基肥和追肥，不宜做种肥和在秧田上施用，因为高浓度的尿素，会使蛋白质结构受到破坏，使蛋白质变性，使种子难于发芽，幼苗难于生长，即使是要做种肥施用，也要控制用量，而且要与种子分开。

尿素不管是作基肥还是作追肥施用，都要求深追覆土以减少氨的挥发损失。

①做基肥。水田要考虑到尿素在施入土壤的最初阶段大部分以分子态存在，流动性大，易流失，施用后翻耕入土，不要急于灌水，要等尿素转化为 NH_4^+-N 后再灌水。旱地应深施覆

土 10cm 左右，以减少 NH_3 的挥发损失。

②做追肥。因为尿素在土壤中的转化需要一定的时间，所以肥效比 NH_4^+-N 肥和 NO_3^--N 肥慢，做追肥时要提前几天施用。水田尽量做到浅水施用，撒施后结合中耕除草，使土壤与肥料充分混合在一起，2~3 天内不要急于灌水，以减少尿素的流失，同时有利于尿素的转化。旱地施用要均匀，以免烧伤幼苗，土壤干燥时可以对水施用或施到湿润土层中以利于转化。

2. 过磷酸钙

过磷酸钙，又称过磷酸石灰，简称普钙，是我国目前生产最多的一种化学磷肥。含 P_2O_5 14%~20%（图2-2）。

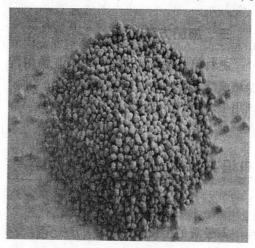

图2-2 过磷酸钙

（1）性质。灰白色粉末状或颗粒状，呈酸性反应，并具有一定的吸湿性和腐蚀性，吸湿结块后，易发生磷酸退化作用。

（2）施入土壤中的转化。过磷酸钙施于土壤后，其中所含的水溶性磷，除一部分通过生物作用转化为有机态外，大部分磷则被土壤吸附或产生化学沉淀作用而被固定，使磷的有效性降低。过磷酸钙的利用率较低，一般只有 10%~25%。

（3）施用。过磷酸钙无论施于何种土壤上，都易发生磷的固定，移动性变小。因此，合理施用过磷酸钙的原则是：减少其与土壤的接触面积，以减少土壤对磷的吸附固定；增加作物根群的接触机会，以提高磷酸钙的利用率。具体施用方法有以下几种：集中施用、分层施用、与有机肥料混合施用、作根外追肥施用。

3. 硫酸钾

一般以明矾石或钾镁矾为主要原料，经煅烧加工而成，含 K_2O 50%~52%。

（1）性质。为白色结晶，溶于水，吸湿性少，贮存时不易结块，亦属化学中性、生理酸性肥料。

（2）在土壤中的转化。在土壤溶液中钾呈离子状态，与土壤胶体产生离子交换。

酸性土壤中，K^+ 与胶体上的 H^+、Al^{3+} 产生离子交换，使 H^+ 浓度升高，再加上生理酸性的影响，使 pH 值迅速下降，而且大量 Al^{3+} 存在易产生铝毒，所以应配施石灰和有机肥。

中性土壤中，K^+ 与胶体上的 Ca^{2+} 产生代换作用，形成 $CaSO_4$，溶解度较小，对土壤脱钙程度也较小，酸化速度比氯化钾缓慢。由于 K_2SO_4 的生理酸性，会使土壤变酸，所以要配施石灰，防止酸化。

石灰性土壤有大量 $CaCO_3$，可以中和酸性，不致变酸。

（3）施用。硫酸钾是一种无氯钾肥。适用范围比氯化钾广泛，但数量少，价格贵，故应首先用于对氯敏感又喜钾喜硫的作物上，如烟草、茶叶、葡萄、甜菜、西瓜和马铃薯等作物。

（二）施肥量

每公顷用尿素 75~150kg，过磷酸钙 450~600kg，硫酸钾 375~750kg。

（三）施肥方法

肥料用量较少时，应集中作种肥施用，在下种时，将有机肥（或有机肥配施化肥）顺下种沟条施或施于薯块穴上，然后覆土，当幼芽向上生长时，幼根可直接吸收营养，有利于提高肥料的利用率。化肥做种肥增产效果显著，特别是氮、磷、钾配合效果最好。

第五节　脱毒马铃薯种薯处理

一、种薯准备

马铃薯在生产上是采用块茎播种的，含水量高，用种量大，一般单作时每亩需准备 120~150kg 的种薯，种子田应备足健康、无病、不退化的小整薯 250~300kg。生产中应选择无混杂，不含主要病毒和类病毒，无环腐病、无晚疫病、块茎无畸形，没有当地主要病虫害和严重的机械创伤，且贮藏良好，没有腐烂和过分萌芽的种薯，最好选用脱毒种薯。

种薯的大小与生长、产量和繁殖系数极为相关。一般30~50g 的种薯，净产量较高。北方一季作区种薯以 50~80g 为宜，南方种薯以 20~50g 为宜。生产上最好选用小块种薯作种，以减少或避免病害传染。中原二季作区秋季栽培主要是留种，一般用整薯播种。

二、种薯切块

为节约种薯和打破休眠，生产上往往采用对大薯块切块做种，要求每切块带 1~3 个芽眼。一般每千克种薯切 40 块左右，切块后消毒，后催芽或直接播种。切块一般在播种或催芽前 1~2 天进行，待伤口愈合后再播种或催芽。切块时根据芽眼的分布规律、萌芽特性及薯块大小确定切块的方法。25g 以下的薯块，仅切去脐部即可；50g 以下的薯块，纵切 2 块；80g 左右的薯块，可上下纵切呈十字切成 4 块；较大的薯块，先从脐部切，切到中上部，再十字上下纵切。切块应保持大小均匀一致，切刀应尽量靠近芽眼，以促使切块芽眼早萌发（图2-3）。

切刀刀刃要快而薄，干净、无锈、无油。在切块前用开水煮切刀 8~10min，或用 75% 酒精消毒切刀，或在火炉上烤烧15~

20s。切块后应保持在通风良好的条件下保存，促进伤口愈合，防止腐烂，用过氧化拌种能起到较好的效果。

图2-3　马铃薯切块方法

三、种薯处理

（1）种薯消毒。为了消灭疮痂病、粉痂病等表面细菌，可把薯块用 1mg/kg 高锰酸钾液浸 10～15min 或用 40%福尔马林 200 倍液浸 5min，晾干即可。

（2）暖种催芽或浸种催芽。催芽一般在保温条件较好的室内或大棚、温室内进行。切块的马铃薯，消毒晾干后待伤口愈合后，上床催芽。在一季作区及二季作区春薯播种前 18～25 天种薯出窖，以 10cm 厚度平铺于暖室，或放于砂床或土床分层播放，在 15～18℃条件下催芽，芽基催至 0.5～0.7cm 时转到室外晒种或在室内散射光下，待嫩黄芽绿化变紫；早春早熟栽培可催大芽，芽催至 2～3cm，可促进早熟及早上市，经济效益较但催大芽易早衰，影响产量，大田生产多采用催小芽。

在播种前对未通过休眠期的种薯采用赤霉素浸种，以破除休眠，促进发芽。马铃薯块茎对赤霉素特别敏感，使用浓度要适当。浓度过小作用不大，浓度过大出苗纤弱，叶片小、黄，节间变长，一个芽眼生出多株瘦弱苗造成严重减产。整薯播种，用 5mg/L 赤霉素溶液浸泡 10～15min，选择阴凉处，埋入湿沙中催芽。马铃薯切块，用 0.3～0.5mg/L 的赤霉素水溶液浸 10～15min，捞出后晾干催芽。

第六节　脱毒马铃薯播种技术

一、播种期的确定

确定马铃薯播种时间的因素主要是温度，当温度达到 7~8℃时即可露地播种。北方一季作区适宜播种期一般在 4 月中下旬至 5 月上中旬。中原二季作区春季 1 月初至 3 月中下旬播种，4 月下旬至 6 月下旬收获。拱棚生产的 1 月上中旬播种，覆地膜栽培的 2 月中下旬播种，露地直播的，在 3 月中下旬播种。秋季 8 月上中旬至 9 月上旬播种，11 月上中旬收获。南方秋冬或冬春马铃薯二季作区适宜播种期在 10—12 月。

二、播种方法

（一）播上垄

薯块播在地平面以上或与地平面同高称播上垄，此种播法适于涝害出现多的地区或易涝地块。特点：覆土薄、土温高，能提早出齐苗。一般常用的播上垄方法是在原垄台上开沟播种。

（二）播下垄

薯块播在地平面以下，称播下垄。岗地、多春旱的地区多用此法。特点：保墒好、土层厚，利于结薯，播种能多施有机肥，但易造成覆土过厚，土温降低，出苗慢，苗细弱。常用垄下播的方法有点老沟、原沟引墒种、耢台原沟播种等；播种时无论采用哪种播法，覆土厚度不应小于 7~9cm，在春风大的地区，覆土可适当加厚到 10~12cm，出苗前要采取耢地，使出苗整齐健壮。

合理密植的原则如下。

（1）肥地宜稀，瘦地宜密。

（2）一穴多株宜稀，一穴单株宜密。

（3）晚熟品种宜稀，早熟品种宜密。

（4）夏播留种田比春播生产田要密，以生产种薯为目的的要密些。

三、马铃薯播种方法

马铃薯播种方法以垄作为主，播法多种多样，共同的目的是为了抗旱保苗、增产和抗涝防烂保收。根据播种后薯块在土层中的位置，可分为三类。

（一）播下垄

薯块播在地平面以下，称播下垄。岗地、多春旱的地区或早熟栽培时多用此法。这种播法特点是保墒好，土层厚，利于结薯，播种能多施有机肥。但易造成覆土过厚，土温降低，出苗慢，苗细弱。所以，一般应在出苗前耢一次垄台，减少覆土，提高地温，消灭杂草，促进早出苗、出苗齐。

常用播下垄的方法：点老沟、原沟引墒播种、耢台原沟播种等。

（1）点老沟。点老沟适于前茬是原垄或麦茬后垄地块，这种方法省工省事，利于抢墒，但不适于易涝地块。

（2）原垄沟引墒播种。在干旱地区或地块，为保证薯块所需水分，在原垄沟浅趟引出湿土后播种。如播期过晚也可采用原垄沟引墒播法。

（3）耢台原沟播种。在垄沟较深，墒情不好时可采用此法。沟内有较多的坐土，种床疏松，地温高，但晚播易旱。有伏秋翻地基础的麦茬、油菜茬等地块，可采用平播后起垄或随播随起垄的播法。平播后起垄可以播上垄也可以播下垄，主要取决于播在沟内还是两沟之间的地平线上。播种时多采用七铧犁开沟，深浅视墒情而定，按株距摆放薯块，滤肥（有机肥和化肥），而后再用七铧犁在两沟之间起垄覆土，随后用木磙子镇压一次，这样薯块处在地面上称为播上垄。此法适于春天墒情好、秋天易涝的地块。

（二）播上垄

薯块播在地平面以上或与地平面同高，称播上垄（图2-

4）。此种播法适于涝害出现多的地区或易涝地块。其特点是覆土薄、土温高，能提早出齐苗。因覆土浅，抗旱能力差，如遇到严重春旱时易造成缺苗。为防止春旱、缺苗，可以把薯块的芽眼朝下摆放，同时加强镇压来抗旱保苗。这种播法在播种时不易多施肥（应通过秋施肥来解决）。为了保证结薯期多培土，避免块茎外露晒绿，垄距不宜过窄并采用小铧深趟。

图 2-4　播上垄

一般常用的播上垄方法是在原垄上开沟播种，即用犁破原垄开成浅沟（开沟深浅可视墒情而定），把薯块摆在浅沟中，同时施种肥（有机肥和化肥），再用犁趟起原垄沟上的土壤覆到原垄顶上合成原垄，镇压。

（三）平播后起垄

播种时无论采用哪种播法，覆土厚度不应小于7cm，在春风大的地区，覆土可适当加厚到 10～12cm，出苗前要采取耢地，使出苗整齐健壮。除此以外，马铃薯种植方法还有芽栽、抱窝栽培、苗栽、种子栽培、地膜覆盖栽培等。芽栽和苗栽是用块茎萌发出来强壮的幼芽进行繁殖；抱窝栽培是根据马铃薯的腋芽在一定条件下都能发生匍匐茎结薯的特点，利用顶芽优势培育矮壮芽，提早出苗，深栽浅盖，分次培土，增施粪肥等措施，创造有利于匍匐茎发生和块茎形成的条件，促使增加结薯层次，使之层层结薯产量高。种子栽培能节省大量种薯，并能减轻黑胫病、环腐病及其他由种薯所传带的病害，因为种子小而不易露地直播，需育苗定植。地膜覆盖栽培，据各地经验，提高土壤温湿度可以促进生育，又起到保墒、保肥、土壤疏松的作用，也可以抑制杂草的滋生，为早熟高产创造了有利条件。

第三章 脱毒马铃薯的田间管理

第一节 脱毒马铃薯苗期管理

一、马铃薯的生长发育过程

马铃薯生育期划分是进行农业技术管理的重要依据。门福义等根据马铃薯茎叶生长与产量形成的相互关系，并结合我国北方一作区的生育特点，将马铃薯的生长发育过程划分为 6 个生育时期：芽条生长期、幼苗期、块茎形成期、块茎增长期、淀粉积累期、成熟期。

（一）芽条生长期

马铃薯的生育从块茎萌芽开始。从块茎萌芽（播种）至幼苗出土为芽条生长期。

已通过休眠的块茎，在适宜的发芽条件下，块茎内的各种酶即开始活动，把储藏物质淀粉、蛋白质等分解转化成糖和氨基酸等，这些可给态养分沿输导系统源源不断供给芽眼，促使幼芽萌发。

块茎萌发时，首先形成幼芽，其顶部着生一些鳞片状小叶，即"胚叶"，随后在幼芽基部贴近种薯芽眼的几个缩短的节上发生幼根。该时期是以根系形成和芽条生长为中心，同时进行着叶、侧枝、花原基等的分化，是马铃薯发苗扎根、结薯和壮株的基础。

影响根系形成和芽条生长的因素首先是种薯休眠解除的程度，种薯生理年龄的大小；其次是种薯中营养成分及其含量和是否携带病害；再次是发芽过程中是否具备适宜的温度、土壤墒情和充足的氧气。

芽条生长期温度高低对出苗至关重要。块茎发芽的最低温度为 5~6℃，最适宜温度是 15~17℃。从播种到出苗所需时间与土壤温度有密切关系，在适宜的温度范围内，土壤温度越高，出苗所需时间越短。北方地区春播的马铃薯，当土温为播种至出苗需 35~40 天；土壤温度为时，约需 30 天；当土壤温度超过 20℃ 以上时，一般 15 天左右即可出苗。但因品种不同，出苗所需要的天数也有所差异。当土温低于 7℃ 或土壤过于干燥时，幼根生长缓慢或停止生长，幼芽也停止生长，在这种情况下，种薯中的养分仍不断输入幼芽，使幼芽膨大形成小薯，或由种薯芽眼处长出子薯。这种种薯虽然在适宜的条件下还可以长出幼苗，但生产力很低。

芽条生长期的长短因品种特性、种薯储藏条件、栽培季节和栽培技术水平等而差异较大，短者 20~30 天，长者可达数月之久。该期各项农艺措施的主要目标，是把种薯中的养分、水分及内源激素充分调动起来，促进早发芽、多发根、快出苗、出壮苗、出齐苗。

（二）幼苗期

从幼苗出土到现蕾为幼苗期。该期经历幼苗和幼根生长发育、主茎孕育花蕾、匍匐茎伸长及其顶端开始膨大、块茎具备雏形。马铃薯种薯内储藏有极丰富的营养物质和水分，所以在出苗前就形成了相当数量的根系和胚叶，出苗后经 5~6 天，便有 4~5 片叶展开。已经形成的根系从土壤中不断吸收水分和养分供幼苗生长。同时种薯内的养分仍继续发挥作用，可一直维持到出苗后 30 天左右。

随着气温和地温的不断上升，幼苗生长逐日加快，约每 2 天可长出一片新叶。同时根系向纵深发展，匍匐茎开始形成，向水平方向伸长。当主茎长到 10~13 片叶时，生长点开始孕育花蕾，并由下而上长出分枝，匍匐茎顶端开始膨大，形成块茎，即标志着幼苗期的结束，结薯期的开始。

幼苗期以根、茎、叶的生长为中心，同时伴随着匍匐茎的形成和伸长以及花芽的分化。所以，幼苗的生长好坏，是决定光合面积大小、根系吸收能力强弱和块茎形成多少的基础。

幼苗期主茎叶片生长很快，但茎叶总量并不多，仅占全生育期的 20%~25%，干物质积累占总干物质重的 3%~4%。因而苗期对水肥要求少，仅占全生育期的 15%左右。但对水肥很敏感，氮素不足严重影响茎叶生长，缺磷和干旱影响根系的发育和匍匐茎的形成。因此需要早追肥、早浇水，促幼苗健壮生长，以形成强大的同化系统，同时采取深中耕高培土的措施，促根系发育和匍匐茎形成，促进生长中心由茎叶生长向块茎转移。

幼苗生长的适宜温度为 18~21℃，高于 30℃ 或低于 7℃，茎叶停止生长，−1℃ 会受冻害，−4℃ 会冻死。因此，在确定播种期时，要注意晚霜问题，并作好防霜措施。

马铃薯幼苗期历时 15~25 天。该期各项农艺措施的主要目标，在于促根、壮苗，保证根系、茎叶和块茎的协调分化与生长。

（三）块茎形成期

从现蕾至第一花序开花为块茎形成期。经历主茎封顶叶展开，全株匍匐茎顶端均开始膨大，直到最大块茎直径达 3~4cm，地上部茎叶干物重和块茎干物重达到平衡。一般历时 30 天左右。

进入块茎形成期，主茎节间急剧伸长，株高已达最大高度的 1/2 左右，分枝叶面积也相继扩大，早熟品种和晚熟品种. 叶面积已达最大叶面积的 80% 和 50% 以上。此时，根系继续向深度和广度扩展，匍匐茎相继停止伸长并开始膨大至直径 3~4cm，全株干物重达最大干物重的 1/2 左右。该期的生长特点是：由以地上部茎叶生长为中心，转向地上部茎叶生长与地下部块茎形成并进阶段，同一植株的块茎大多在该期内形成，是决定单株结薯数的关键时期。

该期的农艺措施应以肥水促进茎叶生长，以形成强大的同化系统，同时采取深中耕高培土的措施，促进生长中心由茎叶生长向块茎转移。

（四）块茎增长期

盛花至茎叶开始衰老为块茎增长期。在北方一作区，基本上与盛花期相一致。当茎叶开始衰落，块茎体积基本达到正常大小，茎叶鲜重和块茎鲜重达到平衡时，块茎增长期即告结束，进入淀粉积累期。一般历时 15~25 天。

此期侧枝茎叶继续生长，叶面积达到最大值，块茎进入了迅速膨大阶段。是一生中茎叶和块茎增长最快、生长量最大的时期，在适宜的条件下，每穴块茎每天可增重 20~50g，是决定块茎体积大小和经济产量的关键时期。由于茎叶和块茎的旺盛生长，也是一生中需水需肥最多的时期，占全生育期的 50% 以上。

当茎叶枯黄衰落，块茎体积基本达到正常大小，茎叶与块茎鲜重达到平衡时，标志着块茎增长期的结束，转入了淀粉积累期。该时期田间管理的关键是经常保持土壤有充足的水分供应，使土壤水分达到田间最大持水量的 75%~80%。同时要加强晚疫病的防治，使最大叶面积维持较长时间，保证光合产物的生产和积累。

（五）淀粉积累期

茎叶开始衰老到植株基部 2/3 左右茎叶枯黄为淀粉积累期，经历 20~30 天。

开花结束后，茎叶生长缓慢直至停止生长，植株下部叶片较快衰老变黄，并逐渐枯萎，进入淀粉积累期。此期块茎体积不再增大，但重量仍继续增加，主要是淀粉在块茎内的积累。同时周皮加厚。当茎叶完全枯萎，薯皮与薯块容易剥离，块茎充分成熟，逐渐转入休眠。因此，可根据茎叶枯黄期的早晚，来划分品种的熟期类别。

该期的生育特点是：以淀粉积累为中心，蛋白质、矿物质同时增加，糖分和纤维素则逐渐减少。该期块茎淀粉积累速度达到一生中最高值，日增长量达 1.25g/（天·100g）干重。该期田间管理的中心任务是尽量延长根、茎、叶的寿命，减缓其衰亡，使其保持较强的生命力和同化功能，增加同化物向块茎的转移和积累，达到高产优质的目的。为此，必须满足生育后期对水肥的需要，做好病虫害防治工作，以利于有机物质的运输与积累。

（六）成熟期

在生产实践中，马铃薯没有绝对的成熟期，常根据栽培目的和生产上轮作复种等的需要，只要达到商品成熟期，便可收获。为了充分利用生长季节，一般当植株地上部茎叶枯黄（或被早霜打死），块茎内淀粉积累达到最高值，即为成熟期。成熟后，为防止冻害或其他损失，应及时收获。

二、马铃薯的生长发育特性

一株由种薯无性繁殖长成的马铃薯植株，从块茎萌芽，长出枝条，形成主轴，到以主轴为中心，先后长成地下部分的根系、匍匐茎、块茎，地上部分的茎、分枝、叶、花、果实时，成为一个完整的独立的植株，同时也就完成了它的由芽条生长期、幼苗期、块茎形成期、块茎增长期、淀粉积累期、成熟期组成的全部生育周期。

马铃薯物种在长期的历史发展和由野生到驯化成栽培种的过程中，对于环境条件逐步产生了适应能力，造成它的独有特性，形成了一定的生长规律。了解掌握这些规律并加以科学合理的应用和利用，就能在马铃薯种植上创造有利条件，满足生长需要，达到增产增收的种植目的。

（一）喜凉特性

马铃薯植株的生长及块茎的膨大，有喜欢冷凉的特性。马铃薯的原产地南美洲安第斯山高山区，年平均气温为5℃，最高月平均气温为21℃左右，所以，马铃薯植株和块茎生物学上就形成了只在冷凉气候条件下才能很好生长的自然特性。特别是在块茎形成期，叶片中的有机营养，只有在夜间温度低的情况下才能输送到块茎里。因此，马铃薯非常适合在高寒冷凉的地带种植。我国马铃薯的主产区大多分布在东北、华北北部、西北和西南高山区。虽然经人工驯化、培养、选育出早熟、中熟、晚熟等不同生育期的马铃薯品种，但在南方气温较高的地方，仍然要选择气温适宜的季节种植马铃薯，不然也不会有理想的收成。

（二）分枝特性

马铃薯的地上茎和地下茎、匍匐茎、块茎都有分枝的能力。地上茎分枝长成枝杈，不同品种马铃薯的分枝多少和早晚不一样。一般早熟品种分枝晚，分枝数少，而且大多是上部分枝，晚熟品种分枝早，分枝数量多，多为下部分枝。地下茎的分枝，在地下的环境中形成匍匐茎，其尖端膨大长成块茎。匍匐茎的节上有时也长出分枝，只不过它尖端结的块茎不如原匍匐茎结的块茎大。块茎在生长过程中，如果遇到特殊情况，它的分枝就形成了畸形的薯块。上年收获的块茎，在下年种植时，从芽眼长出新植株，这也是由茎分枝的特性所决定的。如果没有这一特性，利用块茎进行无性繁殖就不可能。另外，地上的分枝也能长成块茎。当地下茎的输导组织（筛管）受到破坏时，叶片制造的有机营养向下输送受到阻碍，就会把营养贮存在地上茎基部的小分枝里，逐渐膨大成为小块茎，呈绿色，一般是几个或十几个堆簇在一起。这种小块茎即气生薯，不能食用。

（三）再生特性

如果把马铃薯的主茎或分枝从植株上取下来，给它一定的条件，满足它对水分、温度和空气的要求，下部节上就能长出新根（实际是不定根），上部节的腋芽也能长成新的植株。如果植株地上茎的上部遭到破坏，其下部很快就能从叶腋长出新的枝条，来接替被损坏部分的制造营养和上下输送营养的功能，使下部薯块继续生长。马铃薯对雹灾和冻害的抵御能力强的原因，就是它具有很强的再生特性。在生产和科研上可利用这一特性，进行"育芽掰苗移栽""剪枝扦插"和"压蔓"等来扩大繁殖倍数，加快新品种的推广速度。特别是近年来，在种薯生产上普遍应用的茎尖组织培养生产脱毒种薯的新技术，仅用非常小的一小点茎尖组织，就能培育成脱毒苗。脱毒苗的切段扩繁，微型薯生产中的剪顶扦插等，都大大加快了繁殖速度，收到了明显的经济效果。

（四）休眠特性

1. 休眠现象与休眠期

马铃薯新收获的块茎，即使给以发芽的适宜条件（温度20℃、湿度90%、O_2浓度2%），也不能很快发芽，必须经过一段时期才能发芽，这种现象称为块茎的休眠。休眠分自然（生理）休眠和被迫休眠两种。前者是由内在生理原因支配的，后者则是由于外界条件不适宜块茎萌发造成的。一般在20℃下仍不发芽的称为自然休眠，在20℃下发芽而在5℃下不发芽的称为被迫休眠。块茎休眠特性是马铃薯在系统发育过程中形成的一种对于不良环境条件的适应性。

块茎收获至块茎幼芽开始萌动（块茎上至少有一个芽长达2mm为萌动标志）所经历的时间称为休眠期。

2. 块茎休眠的生理机制

块茎休眠及其解除除受外界环境条件影响外，主要受内在生理原因所支配。块茎周皮中存在一种叫β-抑制剂的物质和脱落酸，能抑制α-淀粉酶、β-淀粉酶、蛋白酶和核糖核酸酶的活性和氧化磷酸化过程，使发芽缺少所需的可溶性糖类和能量，迫使块茎保持休眠状态。同时，块茎周皮中存有赤霉素类物质，它能使α-淀粉酶、蛋白酶和核糖核酸酶活化，刺激细胞分裂和伸长，从而解除休眠促进萌芽。所以抑制剂类物质和赤霉素类物质的比例状况，就决定着块茎的休眠或解除休眠。新收获的块茎抑制剂类物质的含量最高，而赤霉素类物质的含量极微，使块茎处于休眠状态。在休眠过程中，赤霉素类物质逐渐增加，当其含量超过抑制剂类物质的时候，块茎便解除休眠，进入萌芽。

休眠期的长短因品种和储藏条件而不同。有的品种休眠期很短，有的品种休眠期很长。通常将休眠期为 1.5 个月、2~3 个月和 3 个月以上的品种分别称为休眠期短、中等和长的品种。一般早熟品种比晚熟品种休眠时间长。另外，由于块茎的成熟度不同，块茎休眠期的长短也有很大的差别。幼嫩块茎的休眠期比完全成熟块茎的长，微型种薯比同一品种的大种薯休眠期长。

块茎休眠期间，温湿度对其影响很大，高温、高湿条件下能缩短休眠期，低温干燥则延长休眠期。同一品种，如果储藏条件不同，则休眠期长短也不一样，即储藏温度高的休眠期缩短，储藏温度低的休眠期会延长。如有些品种在 1~4℃储藏条件下，休眠期可长达 5 个月以上，而在 20℃左右条件下储藏 2 个月就可通过休眠。

3. 休眠的调节

在块茎的自然休眠期中，根据需要可以用人为的物理或化学方法打破休眠，使之提前发芽。休眠期长的品种，休眠一般不易打破，称为深休眠；休眠期短的品种，休眠容易打破，为浅休眠。

生产上人为打破休眠最常用的方法有：0.5~1mg/kg GA3 溶液浸泡 10~15min；0.1%高锰酸钾浸泡 10min；把块茎放在 20℃下或调节 O_2 浓度到 3%~5%，CO_2 浓度增加到 2%~4%；切块、漂洗（减少脱落酸含量）；或用赤霉素与乙烯复合剂、硫脲、硫氰化钾等药剂浸种等方法，均可缩短休眠期。脱毒种薯生产中，用 0.33ml/kg 的兰地特（氯乙醇∶二氯乙醇∶四氯化碳=7∶3∶1）熏蒸 3h 脱毒小薯，可打破休眠，提高发芽率和发芽势。

4. 休眠期延长

生产上延长块茎休眠最常用的方法是，在 3~5℃低温下储藏，或用萘乙酸甲酯 40~100g/t 处理块茎，或用 7 000~8 000 伦琴射线处理块茎，或用苯胺灵、氯苯胺灵 10g/t 混拌少量细土撒在块茎中，均能延长休眠。另外，在收获前 2~3 周用 0.3%的青鲜素水溶液进行叶面喷洒可有效地抑制块茎发芽，延长储藏期。

块茎的休眠特性，在马铃薯的生产、储藏和利用上，都有着重要的作用。在用块茎做种薯时，休眠的解除程度，直接影响着田间出苗的早晚、出苗率、整齐度、苗势及马铃薯的产量。块茎作为食用或工业加工原料时，由于休眠的解除，造成水分、养分大量消耗，甚至丧失商品价值。储藏马铃薯块茎时，要根据所贮品种休眠期的长短，安排储藏时间和控制窖温，防止块茎在储藏过程中过早发芽，而损害使用价值。储藏食用块茎、加工用原料块茎和种用块茎，应在低温和适当湿度条件下储藏。如果块茎需要作较长时间和较高温度的储藏，则可以采取一些有效的抑芽措施。例如施用抑芽剂等，防止块茎发芽，减少块茎的水分和养分损耗，以保持块茎的良好商品性。因此，了解块茎休眠的原因及其萌芽的特性，对于生产和储藏保鲜都具有十分重要的意义。

三、马铃薯中耕培土

（一）中耕培土作用

中耕：作物生育期中在株行间进行的表土耕作。采用手锄、中耕犁、齿耙和各种耕耘器等工具。中耕可疏松表土、增加土壤通气性、提高地温，促进好气微生物活动和养分有效化、去除杂草、促使根系伸展、调节土壤水分状况。

培土：在基础周围覆盖泥土；在植物的根部垒土。

马铃薯具有苗期短、生长发育快的特点。培育壮苗的管理特点是疏松土壤，提高地温，消灭杂草，防旱保墒。促进根系发育，增加结薯层次。所以，中耕培土是马铃薯田间管理的一项重要措施。结薯层主要分布在 10~15cm 深的土层里，疏松的土层有利于根系的生长发育和块茎的形成膨大。

中耕除草的好处很多，适时中耕除草可以防止"草荒"，减少土壤中水分、养分的消耗，促进薯苗生长；中耕可以疏松土壤，增强透气性，有利于根系的生长和土壤微生物的活动，促进土壤有机物分解，增加有效养分。在干旱情况下，浅中耕可以切断毛细管，减少水分蒸发，起到防旱保墒作用，土壤水分过多时，深中耕还可起到松土晾墒的作用，在块茎形成膨大期，深中耕，高培土，不但有利于块茎的形成膨大，而且还可以增加结薯层次，避免块茎暴露地面见光变质。总之，通过合理中耕，可以有效地改变马铃薯生长发育所必需的土、肥、水、气等条件，从而为高产打下良好的基础。"锄头上有水也有火""山药挖破蛋，一亩产一万"，都充分说明了中耕培土的重要性。

中耕培土的时间、次数和方法，要根据各地的栽培制度、气候和土壤条件决定。春马铃薯播种后所需时间长，容易形成地面板结和杂草丛生，所以出齐苗后就应及时中耕除草。第二次中耕在苗高 10cm 左右进行，这时幼苗矮小，浅锄既可以松土灭草，又不至于压苗伤根。在春季干旱多风的地区，土壤水分蒸发快，浅锄可以起到防旱保墒作用。现蕾期进行第三次中耕浅培土，以利匍匐茎的生长和形成。在植株封垄前进行第四次中耕兼高培土，以利增加结薯层次，多结薯、结大薯，防止块茎暴露地面晒绿，降低食用品质。

（二）中耕培土方法

中耕松土，使结薯层土壤疏松通气，利于根系生长、匍匐茎伸长和块茎膨大，见下图。

出苗前如土面板结，应进行松土，以利出苗。齐苗后及时进行第一次中耕，深度 8~10cm，并结合除草，第一次中耕后 10~15 天，进行第二次中耕，宜稍浅。现蕾时，进行第三次中耕，比第二次中耕更浅。并结合培土，第一次培土，苗全后 10~15 天。第二次培土，苗全后 20~25 天。第三次培土，在花期前结束。每次培土厚度各 5cm。以增厚结薯层，防除杂草，避免薯

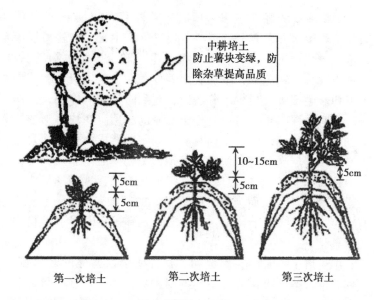

中耕培土
防止薯块变绿，防
除杂草提高品质

10~15cm

5cm

5cm

5cm

5cm

第一次培土　　　第二次培土　　　第三次培土

图　中耕培土方法

块外露，防止薯块变绿，提高品质。

四、马铃薯苗期管理

（一）出苗前的管理

黑龙江省马铃薯自播种至出苗经历 1 个月左右。春风大，气温逐渐上升，土壤水分蒸发很快，低洼地、易涝地极易板结，而田间杂草也开始萌发出土。因此，在播种覆土较厚的地块，可在薯块幼芽已伸长但未出土时，用方形木耪子将垄顶覆土耪掉一部分，以破除地表板结，改善通风换气情况，提高地温，促进出苗迅速整齐，兼良好的除草效果。这一措施的关键是掌握适当作业时间和去掉覆土的厚度，以不伤幼苗为原则。

（二）查田补苗

当苗出齐后，苗高 10cm 时进行查田补苗。

补苗方法比较简单，可以在缺苗附近的垄上找出苗较多的穴，将其过多的苗掰下 1~2 株，随即补栽。也可在播种时间隔

10 垄，每隔 50m 左右多播一些薯块，以备补苗专用。栽苗要深挖坑露湿土，使苗根与湿土紧密结合，把苗的大部分埋入土中并踩实。

五、马铃薯生长发育与环境条件的关系

(一) 温度

温度对马铃薯各个器官的生长发育有很大的影响，马铃薯性喜冷凉，不耐高温，生育期间以平均气温 17~21℃ 为宜。块茎萌发的最低温度为 4~5℃，但生长极其缓慢；7℃ 时开始发芽，但速度较慢；芽条生长的最适温度为 13~18℃，在此温度范围内，芽条生长苗壮，发根早，根量多，根系扩展迅速。催芽的温度应在 15~20℃。播种时，10cm 的土层温度达到 7℃ 时，幼芽即可生长，12℃ 以上即可顺利出苗。温度超过 36℃，块茎不萌发并造成大量烂种。

茎叶生长的最适宜温度以 18℃ 最适宜，叶生长的最低温度为 7℃，在低温条件下叶片数少，但小叶较大而平展。马铃薯抵抗低温的能力较差，当气温降到 -1℃ 时地上部茎叶将受冻害，-3℃ 时植株开始死亡，-4℃ 时将全部冻死，块茎亦受冻害。日平均气温超过 25℃，茎叶生长缓慢；超过 35℃ 则茎叶停止生长。总的来说，茎叶生长的最适温度为 15~21℃，土温在 29℃ 以上时，茎叶即停止生长。

块茎形成的最适温度是 17~19℃，低温块茎形成较早，如在 15℃ 下，出苗后 7 天形成块茎，在 25℃ 下，出苗后 21 天才形成块茎。27~32℃ 高温则引起块茎发生次生生长，形成各种畸形小薯。块茎增长的最适土壤温度是 15~18℃，20℃ 时块茎增长速度减缓，25℃ 时块茎生长趋于停止，30℃ 左右时，块茎完全停止生长。昼夜温差大，有利于块茎膨大，夜间的低温使植株和块茎的呼吸强度减弱，消耗能量少，有利于将白天植株进行光合作用的产物向块茎中运输和积累。高海拔、高纬度地区的昼夜温差大，马铃薯块茎大、干物质含量高、产量高。夜间温

度高达 25℃时，则块茎的呼吸强度剧增，大量消耗养分而停止生长。因此，在马铃薯块茎膨大期间，要适时调节土温，满足块茎生长对土壤温度的要求，达到增产的目的。

（二）光照

马铃薯的生长、形态建成和产量对光照强度及光周期有强烈反应。马铃薯是喜强光作物，如果较长期处于光照强度弱或光照不足的情况下，植株生长细弱，叶片薄而色淡，光合效率低。在马铃薯生长期间，光照强度大，日照时间长，叶片光合强度高，则有利于花芽的分化和形成，也有利于植株茎叶等同化器官的建成，因此块茎形成早，块茎产量和淀粉含量均比较高。

光对块茎芽的伸长有明显的抑制作用，度过了休眠期的块茎在无光而有适合的温度情况下，马铃薯会形成白色而较长的芽条，有时可达 1m 以上；而在散射光下照射/可长成粗壮，呈绿色或紫色的短壮芽，这样的芽播种时（尤其是机械播种时）不易受到损伤，出苗齐而且健壮。

光周期对马铃薯植株生育和块茎形成及增长都有很大影响。每天日照时数超过 15h，茎叶生长繁茂，匍匐茎大量发生，但块茎延迟形成，产量下降；每天日照时数 10h 以下，块茎形成早，但茎叶生长不良，产量降低。一般日照时数为 11~13h 时，植株发育正常，块茎形成早，同化产物向块茎运转快，块茎产量高。早熟品种对日照反应不敏感，在春季和初夏的长日照条件下，对块茎的形成和膨大影响不大，晚熟品种则必须在 12h 以下的短日照条件下才能形成块茎。

日照长度、光照强度和温度三者有互作效应。高温促进茎伸长，不利于叶片和块茎的发育，特别是在弱光下更显著，但高温的不利影响，短日照可以抵消，能使茎矮壮，叶片肥大，块茎形成早。因此，高温短日照下块茎的产量往往比高温长日照下高。高温、弱光和长日照条件，则使茎叶徒长，匍匐茎伸长，甚至窜出地面形成地上枝条，块茎几乎不能形成。

因此，马铃薯各个生长时期对产量形成最为有利的情况是，幼苗期短日照、强光照和适当高温，有利于促根、壮苗和提早结薯；块茎形成期长日照、强光照和适当高温，有利于建立强大的同化系统，形成繁茂的茎叶；块茎增长期及淀粉积累期短日照、强光照、适当低温和较大的昼夜温差，有利于同化产物向块茎运转，促进块茎增长和淀粉积累，从而达到高产优质的目的。

（三）水分

马铃薯植株鲜重约有90%由水组成，其中有1%~2%用于光合作用。马铃薯蒸腾系数为400~600，是需水较多的作物，生长季节有400~500 mm的年降水量且均匀分布，即可满足马铃薯对水分的需求。整个生育期间，土壤田间持水量以60%~80%为最适宜。

马铃薯不同生育时期对水分的要求不同。芽条生长期，种薯萌发和芽条生长靠种薯自身贮备的水分便能满足正常萌芽生长需要。但是，只有当芽条上发生根系并从土壤中吸收水分后才能正常出苗。如果播种后土壤干旱，种薯不但不能出苗，而且块茎中的水分易被土壤吸收，严重时，薯块干瘪，甚至腐烂。如果土壤水分过多时，土壤通气性差，缺乏足够的氧气，也不利于根系的发育进而影响出苗，此时如果土壤温度过低，也易发生烂薯的现象。所以，该期要求土壤保持湿润状态，土壤含水量至少应保持在田间最大持水量的40%~50%。

苗期由于植株小，需水量不大，占一生总需水量的10%~15%，土壤水分应保持在田间最大持水量的50%~60%为宜。当土壤水分低于田间最大持水量的40%时，茎叶生长不良。

块茎形成期，茎叶开始旺盛生长，需水量显著增加，约占全生育期总需水量的30%，为促进茎叶的迅速生长，建立强大的同化系统，前期应保持田间最大持水量的70%~80%；后期使土壤水分降至田间最大持水量的60%左右，适当控制茎叶生长，以利于植株顺利进入块茎增长期。

块茎增长期，块茎的生长从以细胞分裂为主转向细胞体积增大为主，块茎迅速膨大，茎叶和块茎的生长都达到一生的高峰，需水量最大，亦是马铃薯需水临界期。这时除要求土壤疏松透气，以减少块茎生长的阻力外，保持充足和均匀的土壤水分供给十分重要。对土壤缺水最敏感的时期是结薯前期，早熟品种在初花、盛花及终花阶段；晚熟品种在盛花、终花及花后一周内，如果这三个阶段土壤干旱，田间最大持水量在30%时再浇水，则分别减产50%、35%和31%。所以，该期土壤水分应保持在田间最大持水量的80%~85%。

淀粉积累期需水量减少，占全生育期总需水量的10%左右，保持田间最大持水量的60%~65%即可。后期水分过多，易造成烂薯和降低耐贮性，影响产量和品质。

马铃薯各个生长时期遇到土壤供水不均并伴随着温度骤然变化，如在低温条件下干旱与降雨短时间交替；干旱与降雨和高温及其后的冷凉交替；在高温条件下干旱与降雨交替；都会引起块茎畸形生长，从而影响块茎的商品品质。

（四）土壤

马铃薯对土壤要求不十分严格，马铃薯要求微酸性土壤，以pH值5.5~6.5为最适宜。但在北方的微碱性土壤上亦能生长良好，一般在pH值5~8的范围内均能良好生长。马铃薯耐盐能力较差，当土壤含盐量达到0.01%时，植株表现敏感，块茎产量随土壤中氯离子含量的增高而降低。

要获得高产，以土壤肥沃、土层深厚、结构疏松，排水通气良好和富含有机质的沙壤土或壤土最为适宜。有这样结构的土壤，保水保肥性好，有利于马铃薯的根系发育和块茎的膨大。在这样的土壤上种植马铃薯，出苗快、块茎形成早、薯块整齐、薯皮光滑、薯肉无异色，产量和淀粉含量均高。由于土层深厚，土壤疏松，雨水多时可及时下渗或排除，利于马铃薯块茎的收获，减少块茎的腐烂率。

黏重土壤虽然保水、保肥能力强，但透气性差。播种时，如土温低且湿度大时，薯块在土壤中不能及时出苗，易造成种薯的腐烂。出苗后，往往根系发育不良，进而影响植株的正常生长和块茎的膨大，易产生畸形的块茎。苗期还容易发生黑胫病。收获时，如土壤中水分过多而不能及时排出，土壤中缺氧，块茎的皮孔增大，细胞裸露，极易感染细菌病害，导致腐烂。黏重土壤种植马铃薯时，应做高垄，使种薯播种在垄的中部，处于垄沟之上，以减少由于土壤透水性差或排水不良导致烂种。在田间管理方面，要掌握适宜墒情，进行中耕、除草和培土；土壤水分多时，土质太黏，不能进行田间作业；水分少时，土壤变得干硬，中耕困难，且易产生大坷垃。黏重土壤可以通过掺沙进行改良，只要排水良好，干旱能及时灌溉，及时中耕，也能获得高产。

沙性土的土壤结构性差，水分蒸发量大，同时保水、保肥能力差，应增施有机肥，以改善沙土的结构。种植马铃薯时，春季土壤温度回升快，可适时早播；沙土种植马铃薯，利于中耕作业和收获，即使降雨，雨过天晴，即可进行中耕或收获，且块茎腐烂率低。产出的块茎表皮光洁，薯形规整，淀粉含量相对较高，商品性好。

（五）营养

马铃薯的产量形成是通过吸收矿物质、水分和同化二氧化碳的营养过程，促进植株生长发育和其他一切生命活动而实现的。在栽培过程中，只有保证植株生长发育所必需的营养物质，才能获得块茎的高产和优质。

马铃薯正常生长需要十多种营养元素，即碳、氢、氧、氮、磷、钾、钙、镁、硫、铁、硼、锌、锰、铜、钼、钠等。除碳、氢、氧是通过叶片光合作用，从大气和水中得来以外，其他营养元素主要是通过根系从土壤中吸收。其中土壤吸收途径需要量最多的是氮、磷、钾（称为大量元素），其次是少量钙、镁、硫（中量元素）和少量的铁、硼、锌、锰、铜、钼、钠（微量元素）等。矿质元素在组成马铃薯产量的干物质中只占 5% 左右，干物质的绝大部分是由光合作用所产生的碳水化合物构成。但矿物质通过提高光合生产率，参与并促进光合产物的合成、运转、分配等生理生化过程，因而对产量的形成起着重要的作用。在马铃薯生长发育过程中，如果缺乏其中任何一种元素，都会引起植株生长发育失调，最终导致减产和降低品质。

马铃薯生育期间对氮和钾的吸收规律基本相似。幼苗期植株小，需肥较少，吸收速率较慢；块茎形成期至块茎增长期，由于茎叶的旺盛生长和块茎的形成及快速膨大，养分需要量急剧增多，是马铃薯一生中氮、钾吸收速率最快，吸收数量最多的时期；块茎增长后期至淀粉积累期，吸收养分速度减慢，吸收数量也减少。马铃薯生育期间对磷素的吸收利用与对氮、钾的吸收利用不同。幼苗期吸收利用较少；块茎形成期吸收强度迅速增加，直到淀粉积累期一直保持着较高的吸收强度。马铃薯对氮、磷、钾的累积量是随着植株干物质积累量的增加而增加，至淀粉积累期达到最大值。

马铃薯对钙、镁、硫的吸收，幼苗期极少，吸收速率也缓慢；块茎形成期吸收量陡增，直到块茎增长后期又缓慢下来。钙、镁、硫在各个生育时期主要用于根、茎、叶的生长，块茎分配比例较少，尤其是钙。整个生长期，钙、镁离子在根、茎、叶中的浓度都趋向增加，这主要是因输导系统限制钙、镁运行的缘故。马铃薯吸收微量元素极少，应根据土壤中含量合理施用，方能取得较好的增产效果。

磷是植物体内多种重要化合物如核酸、核苷酸、磷脂等的组成成分，同时参与体内碳水化合物的合成，并参与碳水化合物分解成单糖，提供马铃薯生长的能量。磷肥能够促进根系发育，增强植株的抗旱、抗寒能力和适应性。磷肥充足时，能提高氮肥的利用率，有利于植株体内各种物质的转化和代谢，促进植株早熟，促进块茎干物质和淀粉的积累，提高块茎品质，增强耐贮性。在酸性和黏重土壤中，有效态磷易被固定而不能为作物吸收，马铃薯一般只能吸收10%，土壤中约90%的磷不能为马铃薯吸收利用，磷肥的利用率很低。在沙质土壤中，保肥力差，也易发生缺磷现象。马铃薯缺磷时根系的数量和长度减植株生长缓慢，茎秆矮小，僵直，叶片暗绿无光泽，叶片上卷。孕蕾至开花期缺磷，叶部皱缩，色呈深绿，严重时基部叶变为淡紫色，植株僵立，叶柄、小叶及叶缘朝上，不向水平展开，小叶面积缩小，色暗绿。缺磷过多时，薯块内部易发生铁锈色坏死斑点或斑遍布整个薯肉，有时呈辐射状，蒸煮时锈斑处薯肉变硬，影响产量和品质。生产上应该重视基肥的使用，一次性施足底肥，因为在生长期间，虽然可叶面喷施足量的复合磷酸盐，但几乎不能缓解缺磷的症状。

马铃薯为喜钾作物，需钾量很多。钾主要起调节生理功能的作用，促进光合作用和提高二氧化碳的同化率，促进光合产物的运输和积累。钾能够调节细胞渗透作用，激活酶的活性，钾肥充足，植株生长健壮，茎秆坚实，叶片增厚，延迟叶片衰老，增强抗寒和抗病性。此外，钾肥对马铃薯品质有重要的影响。马铃薯缺钾，生长缓慢节间短，叶面粗糙皱缩，叶片边缘和叶尖萎缩，叶尖及叶缘开始呈暗绿色，随后变为黄棕色，并逐渐向全叶扩展，叶脉间具青铜色斑点，且向下卷曲，小叶排列紧密，与叶柄形成夹角小，老叶青铜色，干枯脱落。缺钾还会造成根系发育不良，吸收能力减弱，匍匐茎缩短，块茎变小，在带有坏死叶片植株的块茎尾部发展成坏死、褐色的凹陷斑，缺钾的块茎煮熟时，薯肉呈灰黑色。缺钾的症状出现较迟，一般到块茎形成期才呈现出来，严重地降低产量。在生育后期缺钾，一般叶面喷施 0.2%~0.3% 的磷酸二氢钾，每隔 5~7 天喷洒 1 次，连喷 2~3 次。

钙是果胶钙的重要组成成分，对细胞壁的形成和细胞间的胶合有重要作用。钙促进根系发育，调节体内细胞液的酸碱平衡，是维护正常生理代谢活动不可缺少的元素。当植株缺钙时，分生组织首先受害，植株的顶芽、侧芽、根尖等分生组织首先出现缺素症。在植株形态上表现叶片变小，小叶边缘上卷而皱缩，叶缘黄化，后期坏死；茎节缩短，植株顶部呈丛生状，叶片、叶柄及茎上出现杂色斑点。缺钙时，块茎短缩、畸形，髓部出现褐色而分散的坏死斑点，易发生空心或黑心。种薯在长期发芽时，常因钙离子不易转移的特性而造成芽的顶端出现褐色坏死，甚至全芽坏死。钙过量会影响对镁和微量元素铁、锰的吸收。防止缺钙时，要根据土壤诊断，施用适量石灰，应急时叶面喷洒 0.3%～0.5%氯化钙水溶液，每 3～4 天 1 次，共 2～3 次。

镁是叶绿素结构的核心，是保持茎叶正常生长的重要营养成分。马铃薯是对缺镁较为敏感的作物。缺镁时老叶的叶尖、叶缘及脉间褪绿，并向中心扩展，后期下部叶片变脆、增厚。严重时植株矮小，失绿叶片变棕色而坏死、脱落，块根生长受抑制。防止缺镁时，首先施足充分腐熟的有机肥，改良土壤理化性质，使土壤保持中性，必要时亦可施用石灰进行调节，避免土壤偏酸或偏碱。应急时，可在叶面喷洒 1%～2%硫酸镁水溶液，每隔 2 天 1 次，每周喷 3～4 次。

长期或连续施用不含硫的肥料，易出现缺硫。马铃薯缺硫时，植株叶片、叶脉普遍黄化，与缺氮类似，生长缓慢，但叶片并不提早干枯脱落，严重时叶片出现褐色斑块。施用硫酸铵等含硫的肥料可防止缺硫。

第二节　脱毒马铃薯块茎形成期管理

一、块茎形成期生长发育特点

块茎形成期是指从开始现蕾到开花初期的一段时间，经过 20～30 天的生长发棵期。该期是以茎叶迅速生长为主，并逐步转向块茎生长，是决定单株结薯多少的关键时期。此期各项农业措施都应以建立强大的同化系统为中心进行。田间管理重点是对水肥进行合理调控，前期以肥水促进茎叶生长，追施余下的氮肥及钾肥，保持 65%～75%的田间持水量，促进肥料吸收，以形成强大的地上部分；后期中耕培土，在植株封垄前培土高度要达到 15~20cm，以控秧促薯，使植株的生长中心由茎叶生长为主转向以地下块茎膨大为主。此期植株每天增高 1.8~2.7cm，若呈旺长趋势，喷施生长延缓剂（多效唑），控制茎叶生长，促进薯块膨大。同时应加强蚜虫、晚疫病、青枯病等的防治。

二、水肥管理

（一）适时浇水

栽培在肥沃的土壤上，每生产 1kg 马铃薯耗水 97kg；栽培在贫瘠的沙质土壤上，每生产 1kg 马铃薯块茎形成需耗水 172.3kg。

（二）追肥

块茎形成期根据长势每亩可追施尿素 5kg。

（三）块茎畸形现象

在收获马铃薯时，经常可以看到与正常块茎不一样的奇形怪状的薯块，例如有的薯块顶端或侧面长出一个小脑袋，有的呈哑铃状，有的在原块茎前端又长出一段匍匐茎，茎端又膨大成块茎形成串薯，也有的在原块茎上长出几个小块茎呈瘤状，还有的在块茎上裂出 1 条或几条沟，这些奇形怪状的块茎叫畸形薯，或称为二次生长薯和次生薯。

畸形薯主要是块茎的生长条件发生变化所造成的。薯块在生长时条件发生了变化，生长受到抑制，暂时停止了生长，比如遇到高温和干旱，地温过高或严重缺水。后来，生长条件得到恢复，块茎也恢复了生长。这时进入块茎的有机营养，又重新开辟贮存场所，就形成了明显的二次生长，出现了畸形块茎。总之，不均衡的营养或水分，极端的温度，以及冰雹、霜冻等灾害，都可导致块茎的二次生长。但在同一条件下，也有的品种不出现畸形，这就是品种本身特性的缘故。

当出现二次生长时，有时原有块茎里贮存的有机营养如淀粉等，会转化成糖被输送到新生长的小块茎中，从而使原块茎中的淀粉含量下降，品质变劣。由于形状特别，品质降低，就失去了食用价值和种用价值。因此，畸形薯会降低上市商品率，使产值降低。

上述问题容易出现在田间高温和干旱的条件下，所以，在生产管理上，要特别注意尽量保持生产条件的稳定，适时灌溉，保持适量的土壤水分和较低的地温。同时注意不选用二次生长严重的品种。

（四）块茎青头现象

在收获的马铃薯块茎中，经常发现有一端变成绿色的块茎，俗称青头。这部分除表皮呈绿色外，薯肉内 2cm 以上的地方也呈绿色，薯肉内含有大量茄碱（也叫马铃薯素、龙葵素），味麻辣，人吃下去会中毒，症状为头晕、口吐白沫。青头现象使块茎完全丧失了食用价值，从而降低了商品率和经济效益。

出现青头的原因是播种深度不够，垄小，培土薄，或是有的品种结薯接近地面，块茎又长得很大，露出了土层，或将土层顶出了缝隙，阳光直接照射或散射到块茎上，使块茎的白色体变成了叶绿体，组织变成绿色。

为了减少这种现象，种植时应当加大行距、播种深度和堷土厚度。必要时对生长着的块茎进行有效的覆盖，比如用稻草等盖在植株的基部。

另外，在贮藏过程中，块茎较长时间见到阳光或灯光，也会使表面变绿，与上述青头有同样的毒害作用，所以食用薯一定要避光贮藏。

（五）块茎空心现象

把马铃薯块茎切开，有时会见到在块茎中心附近有一个空腔，腔的边缘角状，整个空腔呈放射的星状，空腔壁为白色或浅棕色。空腔附近淀粉含量少，煮熟吃时会感到发硬发脆，这种现象就叫空心。一般个大的块茎容易发生空心，空心块茎表面和它所生长的植株上都没有任何症状，但空心块茎却对质量有很大影响，特别是用以炸条、炸片的块茎，如果出现空心，会使薯条的长度变短，薯片不整齐，颜色不正常。

块茎的空心，主要是其生长条件突然过于优越所造成的。在马铃薯生长期，突然遇到极其优越的生长条件，使块茎极度快速地膨大，内部营养转化再利用，逐步使中间干物质越来越少，组织被吸收，从而在中间形成了空洞。一般说，在马铃薯生长速度比较平稳的地块里。空心现象比马铃薯生长速度上下波动的地块比例要小。在种植密度结构不合理的地块，比如种的太稀，或缺苗大多，造成生长空间太大，都各使空心率增高。钾肥供应不足，也是导致空心率增高的一个因素。另外，空心率高低也与品种的特性有一定关系。

为防止马铃薯空心的发生，应选择空心发病率低的品种；适当调整密度，缩小株距，减少缺苗率；使植株营养面积均匀，保证群体结构的良好状态；在管理上保持田间水肥条件平稳；增施钾肥等。

（六）品种选择不当

品种选择应根据栽培区域、种植目的、品种特性等进行。但是许多供种商科技素质不高，对各品种的特性缺乏了解，盲目调种，导致农民在品种选择上不科学，不能充分发挥品种的优良特性。各地应成立专业的供种部门，为农民提供适当对路的栽培品种。

（七）薯种更新不及时，薯种退化现象严重

因为马铃薯生产进行无性繁殖，在种植过程中感染病毒后易导致品种退化。一些农民不了解马铃薯的栽培特点，自行留种或有些地方供种部门为了追求利益，提供已感染病毒的薯种，导致退化及大面积减产。因此，建议农户及时换种，最好一季一换种，才能保持高产和优质。

第三节　块茎膨大期管理

一、块茎膨大期生长发育特点

块茎膨大期是以块茎的体积和重量增长为中心的时期。开花后，茎叶生长进入盛期，叶面积迅速增大，光合作用旺盛，茎叶制造的养分向块茎输送，因此，在开花盛期，块茎的膨大速度很快，在适宜的条件下，一穴马铃薯块茎每天可增重 20~25g。盛花期是地上茎叶生长最旺盛的时期，也是决定块茎大小和产量高低的时期。此后，地上部分生长趋于停止，制造的养分不断向块茎中输送，块茎继续增大，直至茎叶枯黄为止。所以，本期是决定块茎大小的关键时期，马铃薯全部生育期所形成的干物质，大部分在这个时期形成，该期是马铃薯一生中需水施肥最多的时期，占生育期需肥量的50%以上。所以，该期必须充分满足对水肥的需要，保证及时追肥浇水。这一时期温度对块茎的膨大影响较大，块茎生长的适宜温度为 16~18℃，超过21℃块茎的膨大就会严重受阻，甚至完全停止。

二、水肥管理

（一）水分管理

马铃薯是需水较多的作物，其不同生育期对水分的需要是不同的。幼苗期需水量占全生育期的 10%~15%；块茎形成期需要占20%以上；块茎增长期需要占50%以上，此期是一生中需水量最多的时期；淀粉积累期水分过多往往造成块茎腐烂和种薯不耐贮藏，所以要掌握及时灌水和排涝，见下表。

表　马铃薯各生育阶段对土壤水分需求特点

生育期	需水量（田间最大持水量的百分比）/%
发芽期	40~50
幼苗期	50~60

（续表）

生育期	需水量（田间最大持水量的百分比）/%
发棵前期	70 ~ 80
发棵后期	60 左右
结薯期	80 ~ 85
淀粉累积期	50 ~ 60
收获期	30 以下

在具备灌水的条件下，遇干旱年份的地块应适时灌水，早熟品种在块茎膨大时（6 月下旬至 7 月上旬）至少灌水 1 次；中晚熟品种应在 7 月上中旬至少灌水 1 次，才能确保高产。根据马铃薯的发育特点对土壤湿度进行控制，达到丰产需求的最佳状态。

方式：有沟灌、喷灌、滴灌等方法。沟灌一般采用隔垄灌溉。

时间：一般按幼苗期、现蕾期、开花期、结薯期等阶段马铃薯的需水量控制土壤水分。如遇持续高温干旱则可进行次数不等的灌水。

（二）养分管理

一般在旱区，只要施足底肥，生长期间可以不追肥。如果土壤瘠薄，基肥不足，苗期生长差时应及时追肥，要抢前抓早，追肥要以速效性氮肥为主。早熟品种最好在苗期追施效果显著，中晚熟品种以现蕾前追施效果最好。追肥应结合中耕或灌水进行。追肥施用量，主要根据肥料的种类、成分、土壤肥力、气候条件，以及马铃薯不同生育期和计划产量指标来确定。氮肥施入量一般每亩 3~5 kg 为宜，也可用人粪尿每亩 300~500 kg，可分多次施入，也可用发酵好的鸡粪每亩 70~100 kg，还可用饼肥每亩 30~50 kg。如种肥用尿素 100 kg 为基础，视情况可追尿素 50 kg/hm^2 为适宜。

（三）马铃薯块茎膨大期施肥的管理

1. 基肥

（1）全层施肥。活性硅钙镁有机肥每亩50kg与硫酸钾复肥（氮15磷0钾15）每亩50（沙土地30）kg充分混合后整地播种。播种时最好不要让薯块幼芽直接接触肥料。

（2）条施。活性硅钙镁有机肥每亩50（沙土地30）kg与硫酸钾复肥（氮15磷0钾15）每亩50kg充分混合后将肥料直接撒施在播种沟内，然后用土覆盖。播种时种块不宜与肥料直接接触。

2. 追肥

（1）黏土、壤土地追肥。团棵期：每亩氯化钾复肥（氮16磷0钾16）20kg加硫酸钾7.5kg于马铃薯团棵时追施。施用方法为开沟条施或挖穴点施均可。但施后须先用细土覆盖以免挥发损失，然后浇水，利于溶解。

块茎膨大期：每亩氯化钾复肥（氮16磷0钾16）30kg加硫酸钾10kg混合追施。

（2）沙土地追肥。齐苗后，每隔10天左右每亩用氯化钾复肥12~15kg加硫酸钾3~4kg混合追施。共追3~5次。追施的方法为开沟或挖穴，施肥后用土覆盖，然后浇水，也可雨后追施。

第四节　干物质积累期管理

一、干物质积累期生长发育特点

当开花结实接近结束，茎叶生长渐趋缓慢或停止，植株下部叶片开始衰老、变黄和枯萎便进入了淀粉积累期。此期地上茎叶中贮藏的养分继续向块茎中输送，块茎的体积基本不再增大，但重量继续增加。成熟期的特点是以淀粉的积累为主。蛋白质、灰分元素也相应增加，而糖分和纤维素则逐渐减少。淀粉的积累一直可继续到茎萎为止。此期应注意防止土壤湿度过大，以免引起烂苗，同时，适当增施磷、钾肥，可以加快同化物质向块茎运转，增强抗病能力和块茎的耐贮性，防止茎叶早衰或徒长。

当茎叶全部枯茎时，即达到成熟期，块茎不再增重，并逐渐转入休眠期。所谓休眠，就是指刚收获的块茎在良好的条件下，也不能在短期内发芽，必须经过一段时期才能发芽，这段时期叫做块茎的休眠期。休眠的原因主要是因为块茎成熟过程中，表皮中有一层很致密的栓皮组织细胞，阻止了空气中的氧气进入块茎内部，呼吸作用、生理代谢作用微弱。块茎芽不能获得所需要的营养物质和氧气的供应，即使给其发芽条件，块茎芽根也不发芽。休眠期的长短，随品种而异，短的1月左右，长的可达半年，这是由品种的遗传特性所决定的。另外，贮藏温度也是影响块茎休眠期长短的重要因素。适宜的贮藏温度是多数品种可保持长期不发芽，高温可显著缩短块茎的休眠期。还可利用其他的方法延长或缩短块茎的休眠期。例如，要延长休眠期，抑制发芽。可采用以下方法。

（1）涂乙酸甲菌处理块茎，每吨块茎用药40~100kg于发芽前半个月处理。

（2）用Y射线照射块茎，剂量为7 500~8 000伦琴。

（3）三藏硝基苯或四氯硝基苯处理块茎。延长块茎休眠期，抑制发芽，可以均衡供应市场和长期加工。

如要打破休眠，可采用以下方法。

（1）用0.5~1mg/kg的赤霉素（九二〇）浸泡茎块10~15min。

（2）用0.5%~1%的硫腮溶液浸泡茎块4h。

（3）用0.01%的高锰酸钾溶液泡菌块36h。

（4）将种留切块或擦破周皮。

二、肥水管理

（一）马铃薯在干物质形成期对养分的需求特点

马铃薯整个生育期间，各生育期吸收氮（N）、磷（P_2O_5）、钾（K_2O）三要素，按占总吸肥量的百分数计算，干物质形成期为56%、58%和55%。三要素中马铃薯对钾的吸收量最多，其次是氮，磷最少。试验表明，每生产1 000 kg块茎，需吸收氮（N）5~6 kg、磷（P_2O_5）1~3kg、钾（K_2O）12~13kg，氮、磷、钾比例为2.5∶1∶5.3。马铃薯对氮、磷、钾肥的需要量随茎叶和块茎的不断增长而增加。在块茎形成盛期需肥量约占总需肥量的60%，生长初期与末期约各需总需肥量的20%。

（二）营养元素在马铃薯生长中的作用

1. 氮素

作物产量来源于光合作用，施用氮素能促进植株生长，增大叶面积，从而提高叶绿素含量，增强光合作用强度，从而提高马铃薯产量。氮素过多，则茎叶徒长，熟期延长，只长秧苗不结薯；氮素缺乏，植株矮小，叶面积减少，严重影响产量。

2. 磷素

磷可加强块茎中干物质和淀粉积累，提高块茎中淀粉含量和耐贮性。增施磷肥，可增强氮的增产效应，促进根系生长，提高抗寒抗旱能力。磷素缺乏，则植株矮小，叶面发皱，碳素同化作用降低，淀粉积累减少。

3. 钾素

钾可加强植株体内的代谢过程，增强光合作用强度，延缓叶片衰老。增施钾肥，可促进植株体内蛋白质、淀粉、纤维素及糖类的合成，使茎秆增粗、抗倒，并能增强植株抗寒性。缺钾植株节间缩短，叶面积缩小，叶片失绿、枯死。

4. 微量元素

锰、硼、锌、钼等微量元素具有加速马铃薯植株发育、延迟病害出现、改进块茎品质和提高干物质耐贮性的作用。

（三）水分的管理

在马铃薯干物质积累期需要大量干物质积累，需要适量的水分，保持叶片的寿命。此时期的需水量占生育期总水量的10%。

第五节 地膜马铃薯全程机械化栽培技术规程

马铃薯机械化栽培技术是指马铃薯栽培过程的各个环节，充分利用机械化手段替代人畜劳作，达到农机农艺完美结合的栽培方式，它具有省工、省时、节肥、深浅一致、排种均匀、施肥合理、蓄水保墒、苗期苗壮等特点，是减轻农民劳动强度、提高生产效率、增加产量的主要技术保障，也是马铃薯产业发展的必由之路。马铃薯机械化栽培技术操作规程如下。

一、准备工作

（一）深耕、整地，施足基肥

选择交通便利，地势平坦，疏松肥沃，排灌方便，而且具有一定规模面积的沙土地。前茬作物为谷物、油菜等非茄科作物的沙土地，于先年上冻前深耕，耕深25~30cm，结合深耕每亩施优质农家肥4 000~5 000 kg，尿素25kg，磷酸二铵25kg，硫酸钾10kg作为基肥一次性施入，耕后耙糖整平。土壤含水率在15%左右，适宜机械化作业。有地下害虫的地块，每亩用3%辛硫磷颗粒剂3~4kg拌土10kg，与基肥一同撒翻地中。立春前择日耙细、整平待播。

（二）种薯选用

1. 品种选择

选用符合种植目标要求的优良品种。如鲜食菜用、方便食品加工品种、全粉及淀粉加工品种。

2. 种薯准备

（1）催芽。播种前15~20天，在室温15~20℃避光黑暗地方进行催芽，催芽期间上下翻动，使幼芽均匀一致。芽长0.5~1cm时移至室外，在5~15℃条件下晒种7~10天，晒至薯皮变绿，幼芽变为紫绿色壮芽为宜。

（2）种薯选择。选用纯度高、无病虫、无损伤的一级或二级脱毒良种。

（3）种薯切块。切块应在靠近芽眼的地方下刀，每个薯块应有 1~3 个芽眼，单块重量达到 30~40g 为宜，40g 以下的种薯可以直接作种薯使用，种薯全部切完后，以 25kg 种薯加 0.5kg 草木灰拌种，装进编织袋内均匀摇动，不仅可预防病害，还能起到种肥作用。

（4）切刀消毒。刀具在切种前和切出病薯时均要用高锰酸钾消毒后再用，以防止刀具传染病菌。

（三）配方施肥

进行播种肥料应选用尿素、专用肥、磷酸二铵等颗粒肥料，施肥前应对地块土壤进行氮、磷、钾等元素检测结果确定施肥量，做到测土配方施肥。

二、机械化播种技术操作规程

（一）机具

马铃薯机械播种选用西安向党农业机械有限公司生产的富农牌 2MB-1/2 型马铃薯播种机或其他机型，配套动力为 60kw 以上轮式拖拉机。

（二）播种机的调整

（1）播种量的调整。播量的调节可通过改变行距、改变流量控制来实现。调整时，种、肥箱里应分别装满种子和化肥，支起机架，使机具呈水平状态，地轮离地面能自由转动，以接近正常工作速度转动地轮达到要求圈数，分别称出种子和化肥的重量，调整排种（肥）器外槽轮长度直到符合要求。

（2）播深调整。拧松开沟器固定螺旋栓，上下移动开沟器可调整播种深度。

（3）垄高调整。垄面拱顶不明显，拱顶有小沟，说明垄板太高，需降低垄板，加深土量进行调整。

（三）播种方式

播种方式采用单垄双行播种。播种机开沟、施肥后将种薯点播在开沟器开出的沟内湿土中，覆土、起垄、镇压。一次性完成开沟、施肥、播种、覆土、覆膜、铺设滴灌带、起垄7道工序。

（四）机械播种

（1）播种期。马铃薯在4℃以上就能进行生理活动，且在低温下生长的马铃薯芽比较壮实，因此，可冬播或早村播种，当土壤10cm地温稳定在7~8℃时即可播种，一般2月上中旬播种为宜。

（2）机械播种技术要点。机械播种时，要严格按照机具使用说明操作。播种量应控制在150kg/亩以内，每亩留苗4 500~5 000株。行距60cm，株距20cm，播种深度30cm，重、漏播率小于4%，并做到以下4点。

①要行距一致，间距适中，拖拉机挂Ⅱ挡中速行驶作业。

②铺膜覆土要适中，苗床不暴露地面。

③每2m打带压土，以免被大风刮起。

④要有辅助工在机后观察并操作，避免种薯多抛和误抛。

（五）田间管理

（1）除草。马铃薯地膜覆盖种植技术，可以有效阻止杂草生长。但仍有部分杂草要采用苗后化学农药方法清除，可喷洒药效发挥快、除草效果好、对马铃薯苗无药害的除草剂，如宝成药剂，可有效防除一年生禾本科杂草及主要阔叶杂草。

（2）追肥。追肥方法主要采用叶面追肥。叶面追肥主要是在马铃薯块茎膨大期，用0.1%~0.3%的硼砂或硫酸锌、0.5%的磷酸二氢钾750~1 050 kg/hm^2+少量尿素水溶液进行叶面喷施，一般每隔7天喷1次，共喷2~3次。

（3）灌溉。机械化灌溉方式主要有固定式或移动式两种类型和管灌、喷灌、点灌、渗灌、微灌等多种节水灌溉方式，因地选用。当幼苗长至10cm高时，要查看墒情，旱情严重时，应浇第一次水；苗高30cm时，若干旱要浇第二次水；开花前，查看墒情，若干旱要浇第三次水。在盛花期和膨大期要喷洒两次增长素，同时要多浇水，保持马铃薯对水肥的旺盛需求和降温需要，以促进薯块膨大，增加产量。

（4）病虫害防治。马铃薯主要虫害防治措施如下。

①地下害虫。常见的有金针虫、地老虎、蛴螬等。主要是通过机械化播种、中耕的施肥环节将以每亩用量60~125kg的3%辛硫磷颗粒剂或25%阿克太随肥深施。

②蚜虫。采用牵引式、背负式机动喷雾器或手动植保机械将以每亩用量1 000~1 200 ml的乐果稀释后均匀喷雾，进行防治。

马铃薯主要病害及防治措施如下。

①病毒性病害防治最佳方法是采用脱毒种薯，轮作换茬，避免与茄科作物连作，及时拔除病株，清除田间杂草，降低田间湿度，改善通风透气条件，选用抗病品种。

②真菌性病害主要有晚疫病、早疫病、干腐病等。防治方法是田间发现中心病株时，及时拔除。并以每亩用量1 500~1 800 g金雷多米尔或25%瑞毒霉经过800倍溶液稀释后，合理选择植保机械进行喷雾防治1~2次。

③细菌性病害主要有环腐病、黑胫病、软腐病等。防治方法是选用抗病品种，切块的刀具用高锰酸钾消毒，防止病害扩大蔓延。

三、机械化适时收获

（一）收获前准备

当马铃薯植株大部分茎叶由绿变黄，直至枯萎时，块茎停止膨大应择时收获。收获前首先要疏通田间道路和田埂，利于机械作业，其次，要在收获前1~2天用IJH-100马铃薯割秧机进行机械杀秧，对茎蔓割青粉碎，或在前8~10天利用药物进行机械喷雾化学杀秧。

（二）机械化收获

选择晴好天气，及时收获。利用西安向党农业机械有限公司生产的富农牌4u-80型马铃薯机械化收获机或其他机型将马铃薯从地下挖起，经过筛土等工序，最后将马铃薯条铺在地表，然后选择装袋（装车）及时销售或储藏。机械收获时要求明薯率≥98%，损失率≤2%，伤薯率≤2%。

第四章　脱毒马铃薯病虫害识别与防治技术

第一节　脱毒马铃薯病害及防治

马铃薯在生育期和块茎贮藏期容易受到各种病菌的侵染，发生多种病害。病害的发生与流行，不仅损坏植株茎叶，影响产量，还直接侵染块茎，降低质量，重者使块茎腐烂，造成更大的损失。马铃薯的病害有真菌性、细菌性、病毒性病害。

一、早疫病

主要发生在叶片上，也可侵染块茎。叶片染病，病斑黑褐色，圆形或近圆形，具同心轮纹，大小 3~4mm，湿度大时，病斑上生出黑色霉层，即病原菌分生孢子梗及分生孢子，发病严重的叶片干枯脱落，致一片枯黄。块茎染病，产生暗褐色稍凹陷圆形或近圆形斑，边缘分明，皮下呈浅褐色海棉状干腐。该病近年呈上升趋势，其为害有的不亚于晚疫病。

以分生孢子或菌丝在病残体或带病薯块上越冬。翌年种薯发芽病菌即开始侵染，病苗出土后，其上产生的分生孢子借风、雨传播，进行多次再侵染使病害蔓延扩大。病菌易老叶片，遇有小到中雨，或连续阴雨，或湿度高于 70%，该病易发生和流行。

分生孢子萌发适温 25~28℃，当叶上有结露或水滴，温度适宜，分生孢子经 35~45min 即萌发，从叶面气孔或穿透表皮侵入，潜育期 2~3 天。瘠薄地块及肥力不足发病重。防治方法如下。

（1）选用早熟耐病品种，适当提早收获。

（2）选择土壤肥沃的高燥田块种植，增施有机肥，推行配方施肥，提高寄主抗病力。

（3）发病前开始喷洒 75%百菌清可湿性粉剂 600 倍液，或

64%杀毒矾可湿性粉剂 500 倍液、40%g 菌丹可湿性粉剂 400 倍液、1∶1∶200 波尔多液、77%可杀得可湿性微粒粉剂 500 倍液；隔 7~10 天 1 次，连续防治 2~3 次。

二、晚疫病

晚疫病是马铃薯病害中发生较为普遍，为害较为严重的一种病害。在多雨、气候冷湿的年份，受害植株提前枯死，损失可达 20%~40%。

症状：马铃薯晚疫病可为害叶、茎及块茎。叶部病斑大多先从叶尖或叶缘开始，初为水浸状退绿斑，后渐扩大，在空气湿度大时，病斑迅速扩大，可扩及叶的大半以至全叶，并可沿叶脉侵入叶柄及茎部，形成褐色条斑。最后植株叶片萎垂，发黑，全株枯死。病斑扩展后为暗褐色，边缘不明显。空气潮湿时，病斑边缘处长出一圈白霉，雨后或有露水的早晨，叶背上最明显，湿度特别大时，正面也能产生。天气干旱时，病斑干枯成褐色，叶背无白霉，质脆易裂扩展慢。

发生规律：马铃薯晚疫病菌主要以菌丝体在块茎中越冬，带菌种薯是病害侵染的主要来源，病薯播种后，多数病芽失去发芽能力或出土前腐烂，少数病薯的越冬菌丝随种薯发芽而开动、扩展并向幼芽蔓延，形成病菌，即中心病株。出现中心病株后，病部产生分生孢子囊，借风雨传播再侵染。病菌从气孔或直接穿透表皮侵入叶片，而为害块茎时则通过伤口、皮孔和芽眼侵入。

晚疫病在多雨年份易流行成灾。地势低洼排水不良的地块发病重，平地较垄地发病重。过分密植或株型高大可使小气候增加湿度，有利于发病。偏施氮肥引起植株徒长，或者土壤瘠薄缺氧或黏重土壤使植株生长衰弱，均有利于病害发生。增施钾肥可提高植株抗病性减轻病害发生。马铃薯的不同生育期对晚疫病的抗病力也不一致，一般幼苗抗病力强，而开花期前后最容易感病。叶片着生部位也影响发病，顶叶最抗病，中部次之，底叶最容易感病。

防治方法：防治马铃薯晚疫病，应以推广抗病品种，选用无病种薯为基础，并结合进行消灭中心病株，药剂防治和改进栽培技术等综合防治。

（1）选育和利用抗病品种。

（2）建立无病留种地、选用无病种薯和种薯处理。无病留种田应与大田相距 2.5km 以上，以减少病菌传播侵染机会，并严格施行各种防治措施。选用无病种薯也是防病的有效措施，可在发病较轻的地块，选择无病植株单收、单藏，留作种用。对种薯处理，可用 200 倍福尔马林液浸种 5min，而后堆积覆盖严密，闷种 2h，再摊开晾干。

（3）加强栽培管理。中心病株出现后，应即清除或摘去病叶就地深埋。生长后期培土，减少病菌侵染薯块的机会，缩小株距，或在花蕾期喷施 90mg/kg 多效唑药液控制地上部植株生长，降低田间小气候湿度，均可减轻病情。在病害流行年份，适当提早割蔓，2 周后再收取薯块，可避免薯块与病株接触机会，降低薯块带菌率。

（4）药剂防治。在马铃薯开花前后，田间发现中心病株后，立即拔除深埋，并喷洒药剂进行防治。可使用克露 100g/亩全田均匀喷洒，进行预防保护性防治，用抑快净每亩 40g 喷雾施药间隔期为 5～10 天施药一次；正常天气条件下间隔 7～10 天用药，25% 甲霜灵可湿性粉剂 800 倍液或 65% 代森锌可湿性粉剂 500 倍液，64% 杀毒矾可湿性粉剂 500 倍液，40% 乙磷铝可湿性粉剂 500 倍液，75% 百菌清可湿性粉剂 600～800 倍液喷雾。每隔 7～10 天喷药 1 次，连续喷药 2～3 次。如干旱少雨，喷药间隔天数可适当延长。

在高湿多雨条件下应间隔 5～7 天用药 1 次。根据病情发生风险的大小可适当调整用药次数。

三、青枯病

青枯病是一种世界性病害，尤其在温暖潮湿、雨水充沛的热带或亚热带地区更为重要。在长城以南大部分地区都可发生青枯病，黄河以南、长江流域地区青枯病最重，发病重的地块产量损失达 80% 左右，已成为毁灭性病害。青枯病最难控制，既无免疫抗原，又可经土壤传病，需要采取综合防治措施才能收效。

病害症状：在马铃薯整个生育期均可发生。植株发病时出现一个主茎或一个分枝急性萎蔫青枯，其他茎叶暂时照常生长，几日后，又同样出现上述症状以致全株逐步枯死。发病植株茎干基部维管束变黄褐色。若将一段病茎的一端直立浸于盛有清水的玻璃杯中，静止数分钟后，可见到在水中的茎端有乳白色菌脓流出，此方法可对青枯病进行确定。块茎被侵染后，芽眼会出现灰褐色，患病重的切开可以见到环状腐烂组织。

传病途径和发病条件：青枯病主要通过带病块茎、寄生植物和土壤传病。播种时有病块茎可通过切块的切刀传给健康块茎。种植的病薯在植株生长过程中根系互相接触，也可通过根部传病；中耕除草、浇水过程中土壤中的病菌可通过流水、污染的农具以及鞋上黏附的带病菌土传病；杂草带病也可传染马铃薯等。但种薯传病是最主要的，特别是潜伏状态的病薯，在低温条件下不表现任何症状，在温度适宜时才出现症状。病苗繁殖最适宜的温度为 30℃，田间土温 14℃ 以上，日平均气温 20℃ 以上时植株即可发病，而且高温、高湿对青枯病发展有利。病菌在土壤中可存活 14 个月以上，甚至许多年。

防治方法：选用抗病品种。对青枯病无免疫抗原材料，选育的抗病品种只是相对地病害较轻，比易感病品种损失较小，所以仍有利用价值。主要抗病品种有阿奎拉、怀薯 6 号、鄂芋 783-1 等。利用无病种薯。在南方疫区所有的品种都或多或少感病，若不用无病种薯更替，病害会逐年加重，后患无穷。所以应在高纬度地区，建立种薯繁育基地，培育健康无病种薯，利用脱毒的试管苗生产种薯，供应各地生产上用种，当地不留种，过几年即可达防治目的。此方法虽然人力物力花费大些，但却是一项最有效的措施。采取整薯播种，减少种薯间病菌传播。实行轮作，消灭田间杂草，浅松土，锄草尽量不伤及根部，减少根系传病机会等。禁止从病区调种，防止病害扩大蔓延。药剂防治。发病初期可用农用链霉素 5 000 倍液，或用 50% 氯溴异氰尿酸可溶性粉剂 1 200 倍液，或用铜制剂灌根，每 7~10 天施药 1 次，连施 2~3 次，具有一定效果。

四、黑胫病

马铃薯黑胫病是为害马铃薯的一种重要病害，整个生长发育期均可发生，主要为害植株茎基部和块茎，在田间造成缺苗断垄及块茎腐烂，发病特点是发病早，发病快，死亡率高，防治困难。针对马铃薯黑胫病的为害症状、发生规律，提出防治措施。

症状该病从苗期到生育后期均可发病，主要为害植株茎基部和薯块。当幼苗生长到 15~20cm 开始出现症状，表现植株矮小，叶色褪绿黄化，节间短缩或上卷，茎基以上部位组织发黑腐烂，最终萎蔫而死，故称为黑胫病。由于植株茎基部和地下部受害，影响水分和养分的吸收和传导，造成不能结薯或结薯后停止生长并发生腐烂，且根系不发达，易从土中拔出。茎部发黑后，横切茎可见三条主要维管束变为褐色。薯块染病始于脐部，呈放射状向髓部扩展，病部黑褐色，横切可见维管束亦呈黑褐色，用手压挤皮肉不分离。湿度大时，薯块变为黑褐色，腐烂发臭，别于青枯病。

该病是细菌引起的病害，通过种薯带菌传播，土壤一般不带菌。带菌种薯和田间未完全腐烂的病薯是病害的初侵染源，用刀切种薯是病害扩大传播的主要途径。病菌主要是通过伤口侵入寄主，在切薯块时扩大传染，引起更多种薯发病，再经维管束髓部进入植株，引起地上部发病。随着植株生长，侵入根、茎、匍匐茎和新结块茎，并从维管束向四周扩展，侵入附近薄壁组织的细胞间隙，分泌果胶酶溶解细胞壁的中胶层，使细胞离析，组织解体，呈腐烂状。病害发生程度与温湿度有密切关系。气温较高时发病重，高温高湿，有利于细菌繁殖和为害。播种前，种薯切块堆放在一起，不利于切面伤口迅速形成木栓层，也会使发病率增高。雨水多、土壤黏重而排水不良，低洼地发病重。田间病菌还可通过灌溉水、雨水或昆虫传播从伤口再侵染健株。

防治方法：

（1）选用抗病品种。

（2）选用无病脱毒种薯。

（3）切块用草木灰拌种后立即播种。

（4）适时早播，注意排水，降低土壤湿度，提高地温，促进早出苗。

（5）及时摘除病株。田间发现病株应及时全株拔除，集中销毁，在病穴及周边撒少许熟石灰。后期病株要连同薯块提前收获，避免同健壮植株同时收获，防止薯块之间病害传播。

（6）药剂防治。发病初期可用 100mg/kg 农用链霉素喷雾，也可选用 40%可杀得 600~800 倍液防治，或用 20%喹菌酮可湿性粉剂 1 000~1 500 倍液喷洒，或用 72%甲霜灵锰锌兼治晚疫病，也可用波尔多液灌根处理。

（7）种薯入窖前要严格挑选，入窖后加强管理，窖温控制在 1~4℃，防止窖温过高，湿度过大。

五、环腐病

症状本病属细菌性维管束病害。地上部染病分枯斑和萎蔫两种类型。枯斑型多在植株基部复叶的顶上先发病，叶尖和叶缘及叶脉呈绿色，叶肉为黄绿或灰绿色，具明显斑驳，且叶尖干枯或向内纵卷，病情向上扩展，致全株枯死；萎蔫型初期则从顶端复叶开始萎蔫，叶缘稍内卷，似缺水状，病情向下扩展，全株叶片开始褪绿，内卷下垂，终致植株倒伏枯死，块茎发病，切开可见维管束变为乳黄色以至黑褐色，皮层内现环形或弧形坏死部，故称环腐，经贮藏块茎芽眼变黑干枯或外表爆裂，播种后不出芽，或出芽后枯死或形成病株。病株的根、茎部维管束常变褐，病蔓有时溢出白色菌脓。

该菌在种薯中越冬，成为翌年初侵染源，病薯播下后，一部分芽眼腐烂不发芽，一部分出土的病芽，病菌沿维管束上升至茎中部，或沿茎进入新结薯块而致病。适合此菌生长温度20~23℃，最高31~33℃，最低1~2℃。致死温度为干燥情况下50℃经10min。最适 pH 值 6.8~8.4，传播途径主要是在切薯块时，病菌通过切刀带菌传染。

防治方法：

（1）选用种植抗病品种。

（2）建立无病留种田，尽可能采用整薯播种。切块要严格切刀消毒，每切一个块茎换一把刀或消毒一次。消毒可采用火焰烤刀、开水煮刀，或用75%酒精、0.2%升汞水、0.1%高锰酸钾等消毒。有条件的最好与选育新品种结合起来，利用杂交实生苗，繁育无病种薯。

（3）播前汰除病薯。把种薯先放在室内堆放 5~6 天，进行晾种，不断剔除烂薯，使田间环腐病大为减少。此外用50mg/kg硫酸铜浸泡种薯 10min 有较好效果。

（4）结合中耕培土，及时拔除病株，携出田外集中处理。

（5）可用50%甲基托布津可湿性粉剂 500 倍液浸种薯 2h，然后晾干后播种。也可用种薯重量 0.1%的敌克松加适量干细土混匀后拌种，随拌随播。

六、癌肿病

癌肿病是一种真菌性病害。不抗病的品种感染癌肿病，可造成毁灭性的损失，发病轻的减产 30%左右，重的减产 90%，甚至绝收。感病块茎品质变劣，无法食用，完全失去利用价值，而且块茎感病后易于腐烂。这种病还侵染番茄、龙葵等，病菌可在土壤中潜存很多年，很难防治。

病害症状：癌肿病主要为害块茎和匍匐茎，病重时，也可发展到地上茎，但茎叶发病较少。患病的块茎和匍匐茎组织发生畸变，形成大小不同的、形似花椰菜的瘤状物，初期为白色，后期变黑。发展到地上茎的肿瘤，在光照下初期为绿色，后期呈暗棕色。多数瘤状物在芽眼附近先发生，逐渐扩大到整个块茎，最后类似肉质的瘤状物分散成烂泥状，黏液有恶臭味，可严重污染土壤。

传病途径和发病条件：一旦种植的马铃薯在田间发病，病菌孢子很难从土壤中消灭。癌肿病菌孢子在土壤中潜伏 20 年仍有生活力。除马铃薯块茎可以带病传播外，农具和人、畜带的有菌土壤，都可能传播。病薯块和薯秧也常混入肥料中致使厩肥传病等。癌肿病的休眠孢子抗逆性特别强，在 80℃ 高温下能忍耐 20h，在 100℃ 的水中能存活 10min 左右。孢子侵入块茎的温度为 3.5~24℃，最适温度为 15℃。在土壤湿度为最大持水量的 70%~90% 时，地下部发病最严重，土壤干燥时发病轻。

防治方法：

（1）选用抗病品种，如米拉、费乌瑞它等。

（2）对疫区进行严格封锁，该地区的马铃薯禁止外运，以防病害蔓延。

（3）利用脱毒茎尖苗，快繁高度抗病品种，尽快更替不抗病的品种。

七、马铃薯软腐病

马铃薯软腐病主要在生长后期、贮藏期对薯块为害严重，主要为害叶、茎及块茎。

病害症状和传病途径：受害块茎初期在表皮上显现水浸状小斑点，以后迅速扩大，并向内部扩展，呈现多水的软腐状，腐烂组织变褐色至深咖啡色，组织内的菌丝体开始白色，后期变为暗褐色。湿度大时，病薯表面形成浓密、浅灰色的絮状菌丝体，以后变灰黑色，间杂很多黑色小球状物（孢子囊）。后期腐烂组织形成隐约的环状，湿度较小时，可形成干腐状。块茎染病多从皮层伤口引起，开始水浸状，以后薯块组织崩解，发出恶臭。在30℃以上时往往溢出多泡状黏稠液，腐烂中若温、湿度不适宜则病斑干燥，扩展缓慢或停止，在有的品种上病斑外围常有一变褐环带。病原在病残体上或土壤中越冬，经伤口或自然裂口侵入，借雨水飞溅或昆虫传播蔓延。病原细菌潜伏在薯块的皮孔内及表皮上，遇高温、高湿、缺氧，尤其是薯块表面有薄膜水，薯块伤口愈合受阻，病原细菌即大量繁殖，在薯块薄壁细胞间隙中扩展，同时分泌果胶酶降解细胞中胶层，引起软腐，腐烂组织在冷凝水传播下侵染其他薯块，导致成堆腐烂。在土壤、病残体及其他寄主上越冬的软腐细菌在种薯发芽及植株生长过程中可经伤口、幼根等处侵入薯块或植株。

防治方法：收获时避免造成机械伤口，入库前剔除伤、病薯，用0.05%硫酸酮液剂或0.2%漂白粉液洗涤或浸泡薯块可以杀灭潜伏在皮孔及表皮的病菌。贮藏中早期温度控制在13~15℃，经2周促进伤口愈合，以后在5~10℃通风条件下贮藏。

八、病毒病

常见的马铃薯病毒病有3种。

花叶型：叶面叶绿素分布不均，呈浓淡绿相间或黄绿相间斑驳花叶，严重时叶片皱缩，全株矮化，有时伴有叶脉透明。

坏死型：叶、叶脉、叶柄及枝条、茎部都可出现褐色坏死斑，病斑发展连接成坏死条斑，严重时全叶枯死或萎蔫脱落。

卷叶型：叶片沿主脉或自边缘向内翻转，变硬、革质化，严重时每张小叶呈筒状。此外，还有复合侵染，引致马铃薯发生条死。

发生规律病毒可通过蚜虫及汁液摩擦传毒。田间管理条件差，蚜虫发生量大发病重。此外，25℃以上高温会降低马铃薯对病毒的抵抗力，也有利于传毒媒介蚜虫的繁殖、迁飞或传病，从而利于该病扩展，加重受害程度，故一般冷凉山区栽植的马铃薯发病轻。品种抗病性及栽培措施都会影响本病的发生程度。

防治方法：

（1）采用无毒种薯，各地要建立无毒种薯繁育基地，原种田应设在高纬度或海拔高的地区，并通过各种检测方法汰除病薯，推广茎尖组织脱毒种薯。

（2）培育或利用抗病或耐病品种。

（3）苗前后及时防治蚜虫。尤其靠蚜虫进行非持久性传毒的条斑花叶病毒更要防好。

（4）改进栽培措施。及早拔除病株；实行精耕细作，高垄栽培，及时培土；避免偏施过施氮肥，增施磷钾肥；注意申耕除草；控制秋水，严防大水漫灌。

（5）发病初期喷洒 1.5%植病灵乳剂 1 000 倍液或 20%病毒 A 可湿性粉剂 500 倍液。

九、干腐病

马铃薯干腐病为真菌性病害，是马铃薯贮藏期的重要病害，发生普遍，损失 10%～20%，严重时达 30%以上，主要在贮藏期间为害，也可在播种块茎时侵染。

病害症状和传病途径：受害块茎发病初期仅局部变褐稍凹陷，扩大后病部出现很多褶皱，呈同心轮纹状，其上有时长出灰白色的绒状颗粒，剖开病薯可见空心，空腔内长满菌丝，薯内则变为深褐色或灰褐色，终致整个块茎僵缩成干腐状，不能食用。干腐病病菌主要在土壤中越冬，通常在土壤中可存活几年。在种薯表面繁殖存活的病菌可成为主要的侵染来源，条件适宜时，病菌经伤口或芽眼侵入，又经操作或贮存薯块的容器及工具污染传播、扩大为害，被侵染的种薯和芽块腐烂，又可污染土壤，以后又附在被收获的块茎上或在土壤中越冬。病害在 5～30℃温度范围内均可发生，以 15～20℃为适宜，较低的温度，加上高的相对湿度，不利于伤口愈合，会使病害迅速发展。在块茎收获时通常干腐病表现为耐病，但贮藏期间感病性提高，早春种植时达到高峰，播种时土壤过湿易于发病，收获期间造成伤口多则易受侵染，不同马铃薯品种间存在抗性差异。干腐病发生特点：病原在 5~30℃ 条件下均能生长，贮藏条件差，通风不良利于发病。

防治方法：生长后期注意排水，收获时避免伤口，收获后充分晾干再入库，严防碰伤。贮藏期间保持通风干燥，避免雨淋，温度以 1~4℃ 为宜，发现病烂块茎随时清除。

十、疮痂病

在北方二季作地区的秋季马铃薯为害特别严重。不抗病的品种，秋播时几乎每个块茎都感染疮痂病，有的块茎表皮全部被病菌侵染，致使外貌和品质受到严重影响。

病害症状：马铃薯疮痂病是一种细菌性病害。疮痂病主要危害块茎，病菌从薯块皮孔及伤口侵入，开始在薯块表面生褐色小斑点，以后扩大或合并成褐色病斑。病斑中央凹入，边缘木栓化凸起，表面显著粗糙，呈疮痂状。病斑虽然仅限于皮层，但病薯不耐贮藏，影响外观，商品价值下降，经济损失严重。

传病途径和发病条件：秋季播种早、土壤碱性、施未腐熟的有机肥料、结薯初期土壤干旱高温等，发病严重。放线菌在含石灰质土壤中特别多。在高温干旱条件下于这类土壤中种植不抗疮痂病的品种，往往发病严重。病菌发育最适温度为25~30℃，土壤温度 21~24℃ 时，病害最为猖獗。低温、高湿和酸性土壤对病菌有抑制作用。

防治方法：

（1）选用高抗疮痂病的品种。

（2）在块茎生长期间，保持土壤湿度，特别是秋马铃薯薯块膨大期保持土壤湿润，防止干旱。秋季适当晚播，使马铃薯结薯初期避过高温。秋季马铃薯块茎膨大初期，小水勤浇，保持土壤湿润，降低地温。

（3）实行轮作倒茬，在易感疮痂病的甜菜地块以及碱性地块上不种植马铃薯。

（4）施用有机肥料，要充分腐熟。种植马铃薯地块上，避免施用石灰。秋季用1.5~2kg硫黄粉撒施后翻地进行土壤消毒，播种开沟时每亩再用1.5kg硫黄粉沟施消毒。

（5）药剂防治。可用0.2%的福尔马林溶液，在播种前浸种2h，或用对苯二酚100g，加水100L配成0.1%的溶液，于播种前浸种30min，而后取出晾干播种。为保证药效，在浸种前需清理块茎上的泥土。农用链霉素、新植霉素、春雷霉素、氢氧化铜等药剂对病菌也有一定的杀灭作用。

十一、粉痂病

粉痂病是真菌性病害，在南方一些地区常造成不同程度的产量损失。患粉痂病的植株生长势差，产量急剧下降。受害的块茎后期和疮痂病相似，块茎外形受到严重影响，降低商品价值，而且患病块茎不易贮藏。

病害症状：主要发生于块茎、匍匐茎和根上。块茎染病初在表皮上出现针头大的褐色小斑，外围有半透明的晕环，后小斑逐渐隆起、膨大，成为直径3~5mm不等的疱斑，其表皮尚未破裂，为粉痂的"封闭疱"阶段。后随病情的发展，疱斑表皮破裂、皮卷，皮下组织出现橘红色，散出大量深褐色粉状物（孢子囊球），疱斑下陷，外围有晕环，为粉痂的"开放疱"阶段。根部染病，于根的一侧长出豆粒大小单生或聚生的瘤状物。

传病途径和发病条件：病菌以休眠孢子囊球在种薯内或随病残物遗落土壤中越冬，病薯和病土成为翌年的初侵染源。病害的远距离传播靠种薯的调运，田间近距离的传播则靠病土、病肥、灌溉水等。休眠孢子囊在土中可存活4~5年，当条件适宜时，萌发产生游动孢子，游动孢子静止后成为变形体，从根毛、皮孔或伤口侵入寄主，变形体在寄主细胞内发育，分裂为多核的原生质团，到生长后期，原生质团又分化为单核的休眠孢子囊，并集结为海绵状的休眠孢子囊球，充满寄主细胞内。

病组织崩解后，休眠孢子囊球又落人土中越冬或越夏。土壤湿度90%左右，土温 18~20℃ 适于病菌的发育，因而发病也重。一般雨量多、夏季较凉爽的年份易发病。在马铃薯结薯期间阴雨连绵，土壤湿度大，最易发病。

防治方法：

①选用无病种薯，把好收获、贮藏、播种关，汰除病薯，必要时可用50%烯酰吗啉可湿性粉剂或70%代森锌可湿性粉剂或2%盐酸溶液或40%福尔马林200倍液浸种5min，或用40%福尔马林200倍液将种薯浸湿，再用塑料布盖严闷2h，晾干播种。或在播种穴中施用适量的豆饼对粉痂病有较好的防治效果。

②实行轮作，发生粉痂病的地块5年后才能种植马铃薯。

③履行检疫制度，严禁从疫区调种。

④增施基肥或磷钾肥，多施石灰或草木灰，改变土壤 pH 值。加强田间管理，采用起垄栽培，避免大水漫灌，防止病菌传播蔓延。

⑤药剂防治，见疮痂病。

第二节　脱毒马铃薯虫害及防治

一、茶黄螨

属于蜱螨目，是世界性的主要害螨之一，为害严重。

为害症状和生活习性：茶黄螨对马铃薯嫩叶为害较重，特别是二季作地区的秋季马铃薯植株中上部叶片大部受害，顶部嫩叶最重，严重影响植株生长。被害的叶背面有一层黄褐色发亮的物质，并使叶片向叶背卷曲，叶片变成扭曲、狭窄的畸形状态，这是茶黄螨侵害的结果，症状严重的叶片干枯。茶黄螨很小，肉眼看不见。茶黄螨在北京地区以 7—9 月为害最重。

防治方法：用40%乐果乳油1 000倍液或25%灭螨猛可湿性粉剂1 000倍液或73%炔螨特乳油2 000~3 000倍液，或用0.9%阿维菌素乳油4 000~6 000倍液喷雾，防治效果都很好。

5~10 天喷药 1 次，连喷 3 次。喷药重点在植株幼嫩的叶背和茎的顶尖，并使喷嘴向上，直喷叶子背面效果好。许多杂草是茶黄螨的寄主，对马铃薯田块周围的杂草集中焚烧，或进行药剂防治茶黄螨。

二、蚜虫

蚜虫是马铃薯苗期和生长期的主要害虫，不仅吸取液汁为害植株，还是重要的病毒传播者。

为害症状和生活习性：在马铃薯生长期蚜虫常群集在嫩叶的背面吸取液汁，造成叶片变形、皱缩，使顶部幼芽和分枝生长受到严重影响。繁殖速度快，每年可发生 10~20 代。幼嫩的叶片和花蕾都是蚜虫密集为害的部位。而且桃蚜还是传播病毒的主要害虫，对种薯生产常造成威胁。有翅蚜一般在 4—5 月迁飞，温度 25℃ 左右时发育最快，温度高于 30℃ 或低于 6℃ 时，蚜虫数量都会减少。桃蚜一般在秋末时，有翅蚜又飞回第一寄主桃树上产卵，并以卵越冬。春季卵孵化后再以有翅蚜迁飞至第二寄主为害。

防治方法：

①生产种薯采取高海拔冷凉地区作基地，或风大蚜虫不易降落的地点种植马铃薯，以防蚜虫传毒。或根据有翅蚜迁飞规律，采取种薯早收，躲过蚜虫高峰期，以保种薯质量。

②药剂防治。发生初期用 50% 抗财威可湿性粉剂 2 000~3 000 倍液或 0.3% 苦参素杀虫剂 1 000 倍液或烟碱楝素乳油 1 000 倍液或 10% 吡虫啉可湿性粉剂 2 000 倍液或 2.5% 溴氰菊酯乳油 2 000~3 000 倍液或 20% 氰戊菊酯乳油 3 000~5 000 倍液或 10% 氯氰菊酯乳油 2 000~4 000 倍液或 3% 啶虫脒乳油 800 倍液或乙酰甲胺磷 2 000 倍液或 40% 乐果乳剂 1 000~2 000 倍液等药剂交替喷雾，效果较好。

三、蛴螬

蛴螬属于鞘翅目，金龟子的幼虫，为害多种农作物。

为害症状和生活习性：蛴螬为金龟子的幼虫。金龟子种类较多，各地均有发生。幼虫在地下为害马铃薯的根和块茎。其幼虫可把马铃薯的根部咬食成乱麻状，把幼嫩块茎吃掉大半，在老块茎上咬食成孔洞，严重时造成田间死苗。金龟子种类不同，虫体也大小不等，但幼虫均为圆筒形，体白、头红褐或黄褐色、尾灰色。虫体常弯曲成马蹄形。成虫产卵于土中，每次产卵 20~30 粒，多的 100 粒左右，9~30 天孵化成幼虫。幼虫冬季潜入深层土中越冬，在 10cm 深的土壤温度 5℃ 左右时，上升活动，土温在 13~18℃ 时为蛴螬活动高峰期。土温高达 23℃ 时即向土层深处活动，低于 5℃ 时转入土下越冬。金龟子完成 1 代需要 1~2 年，幼虫期有的长达 400 天。

防治方法：

①施用农家肥料时要经高温发酵，使肥料充分腐熟，以便杀死幼虫和虫卵。

②毒土防治。每亩用 50% 辛硫磷乳剂 400~500g，或 3% 辛硫磷颗粒 1.5~2kg，拌细土 50kg，于播前施入犁沟内或播种覆土。或每亩用 80% 的敌百虫可湿性粉剂 500g 加水稀释，而后拌入 35kg 细土配制成毒土，在播种时施入穴内或沟中。

③毒饵诱杀。用 0.38% 苦参碱乳油 500 倍液或 50% 辛硫磷乳油 1 000 倍液或 80% 的敌百虫可湿性粉剂，用少量水溶化后和炒熟的棉籽饼或菜籽饼拌匀，于傍晚撒在幼苗根的附近地面上诱杀。

④在成虫盛发期，对害虫集中的作物或树上，喷施 50% 辛硫磷乳剂 1 000 倍液或 90% 晶体敌百虫 1 000 倍液或 2.5% 溴氰菊酯乳油 3000 倍液或 30% 乙酰甲胺磷乳油 500 倍液或 20% 氰戊菊酯乳油 3 000 倍液防治。

四、二十八星瓢虫

为害症状和生活习性：28 星瓢虫成虫为红褐色带 28 个黑点的甲虫，幼虫为黄褐色，身有黑色刺毛，躯体扁椭圆形，行动迅速，专食叶肉。幼虫咬食叶背面叶肉，将马铃薯叶片咬成网状，使被害部位只剩叶脉，形成透明的网状细纹，叶子很快枯黄，光合作用受到严重影响使植株逐渐枯死。每年可繁殖2~3代。以成虫在草丛、石缝、土块下越冬。每年3—4月天气转暖时即飞出活动。6—7月马铃薯生长旺季在植株上产卵，幼虫孵化后即严重为害马铃薯。成虫一般在马铃薯或枸杞的叶背面产卵，每次产卵10~20粒。产卵期可延续1~2个月，1个雌虫可产卵300~400粒。孵化的幼虫4龄后食量增大，为害最重。

防治方法：

①由于繁殖世代不整齐，成虫产卵后，幼虫及成虫共同取食马铃薯叶片，可利用成虫假死习性，人工捕捉成虫，摘除卵块。查寻田边、地头，消灭成虫越冬虫源。

②药剂防治。用50%的敌敌畏乳油500倍液喷洒，对成虫、幼虫杀伤力都很强，防治效果100%。用60%的敌百虫500~800倍液喷杀，或用1 000倍乐果溶液喷杀，效果都较好。防治幼虫应抓住幼虫分散前的有利时机，用20%氰戊菊酯或2.5%溴氰菊酯3 000倍液或50%辛硫磷乳剂1 000倍液或2.5%高效氯氟氰菊酯（功夫）乳油3 000倍液喷雾。发现成虫即开始喷药，每10天喷药1次，在植株生长期连续喷药3次，即可完全控制其为害。注意喷药时喷嘴向上喷雾，从下部叶背到上部都要喷药，以便把孵化的幼虫全部杀死。

五、蝼蛄

蝼蛄属于直翅目，各地普遍发生。河北、山东、河南、苏北、皖北、陕西和辽宁等地的盐碱地和沙壤地为害最重。

为害症状和生活习性：蝼蛄通常栖息于地下，夜间和清晨在地表下活动，吃新播的种子，咬食作物根部，对作物幼苗伤害极大，是重要的地下害虫。蝼蛄潜行土中，形成隧道，使作物幼根与土壤分离，因失水而枯死，造成幼苗枯死或缺苗断垄。蝼蛄在华北地区3年完成一代，在黄淮海地区2年完成一代。

成虫在土中 10~15cm 处产卵，每次产卵 120~160 粒，最多达 528 粒。卵期 25 天左右，初孵化出的若虫为白色，而后呈黑棕色。成虫和若虫均于土中越冬，洞在土壤中最深可达 1.6m。

防治方法：

①毒饵诱杀。可用菜籽饼、棉籽饼或麦麸、秕谷等炒熟后，以 25kg 食料拌入 90% 晶体敌百虫 1.5kg。在害虫活动的地点于傍晚撒在地面上毒杀。

②黑光灯诱杀。于 19~22 时在没有作物的平地上以黑光灯诱杀。尤其在天气闷热的雨前夜晚诱杀效果最好。

六、金针虫

金针虫是鞘翅目叩头虫科幼虫的总称，为重要的地下害虫。其分布广泛，为害作物种类也较多。

为害症状和生活习性：金针虫是叩头虫的幼虫，各地均有分布。在土中活动常咬食马铃薯的根和幼苗，并钻进块茎中取食，使块茎丧失商品价值。咬食块茎过程还可传病或造成块茎腐烂。叩头虫为褐色或灰褐色甲虫，体形较长，头部可上下活动并使之弹跳。幼虫体细长，20~30mm，外皮金黄色、坚硬、有光泽。叩头虫完成一代要经过 3 年左右，幼虫期最长。成虫于土壤 3~5cm 深处产卵，每只可产卵 100 粒左右。35~40 天孵化为幼虫，刚孵化的幼虫为白色，而后变黄。幼虫于冬季进入土壤深处，3—4 月 10cm 深处土温 6℃ 左右时，开始上升活动，土温 10~16℃ 为其为害盛期。温度达21~26℃时又入土较深。

防治方法：用毒土防治效果较好。防治方法参考蛴螬防治。

七、地老虎

地老虎俗称地蚕、切根虫等，是鳞翅目夜蛾科昆虫。地老虎有许多种，其中小地老虎是世界范围危害最重的一种害虫。

为害症状和生活习性：小地老虎为夜盗蛾，以幼虫为害作物。小地老虎一年发生 4~5 代，以老熟幼虫在土中越冬。第一代幼虫是为害的严重期，也是防治的重点期。成虫白天栖息在杂草、土堆等荫蔽处，夜间活动，趋化性强，喜食甜酸味汁液，对黑光灯也有明显趋性，在叶背、土块、草棒上产卵，在草类多、温暖、潮湿、杂草丛生的地方，虫头基数多。幼虫夜间为害，白天栖在幼苗附近土表下面，有假死性。地老虎是杂食性害虫，1~2 龄幼虫为害幼苗嫩叶，3 龄后转入地下为害根、茎，5~6 龄为害最重，可将幼苗茎从地面咬断，造成缺株断垄，影响产量。特别对于用种子繁殖的实生苗威胁最大。

防治方法：

①清除田间及地边杂草，使成虫产卵远离大田，减少幼虫为害。

②用毒饵诱杀。以 80% 的敌百虫可湿性粉剂 500g 加水溶化后和炒熟的棉籽饼或菜籽饼 20kg 拌匀，或用灰灰菜、刺儿菜等鲜草约 80kg，切碎和药拌匀作毒饵，于傍晚撒在幼苗根的附近地面上诱杀。

③用灯光或黑光灯诱杀成虫效果也很好。或配制糖醋液诱杀成虫，糖醋液配制方法：糖 6 份、醋 3 份、白酒 1 份、水 10 份、敌百虫 1 份调匀，在成虫发生期设置。某些发酵变酸的食物，如甘薯、胡萝卜、烂水果等加入适量药剂，也可诱杀成虫。

④药剂防治。用 50% 辛硫磷乳油 1 000 倍液喷雾，或用 2.5% 敌百虫粉剂 2kg/亩加细土 10kg/亩制成毒土或灌根防治，或用 48% 毒死蜱（乐斯本）乳油 1 000 倍液灌根防治。在地老虎 1~3 龄幼虫期，采用 2.5% 阿维菌素可湿性粉剂或 70% 吡虫啉可湿性粉剂或 48% 毒死蜱乳油 2 000 倍液或 10% 顺式氯氰菊酯（高效灭百可）乳油 1 500 倍液或 2.5% 溴氰菊酯乳油 1 500 倍液或 20% 氰戊菊酯乳油 1 500 倍液等地表喷雾。

八、马铃薯块茎蛾

属鳞翅目麦蛾科，寄主为马铃薯、茄子、番茄、青椒等茄科蔬菜及烟草等。

为害症状和生活习性：主要以幼虫为害马铃薯。在长江以南的云南、贵州、四川等省种植马铃薯和烟草的地区，块茎蛾为害严重。在湖南、湖北、安徽、甘肃、陕西等省也有块茎蛾的为害。幼虫潜入叶内，沿叶脉蛀食叶肉，余留上下表皮，呈半透明状，严重时嫩茎、叶芽也被害枯死，幼苗可全株死亡。田间或贮藏期可钻虫主马铃薯块茎，呈蜂窝状甚至全部蛀空，外表皱缩，并引起腐烂。在块茎贮藏期间为害最重，受害轻的产量损失 10%~20%，重的可达 70%左右。以幼虫或蛹在贮藏的薯块内，或在田间残留母薯内，或在茄子、烟草等茎茬内及枯枝落叶上越冬。成虫白天潜伏于植株丛间、杂草间或土缝里，晚间出来活动，但飞翔力很弱。在植株茎上、叶背和块茎上产卵，一般芽眼处卵最多，每个雌蛾可产卵 80 粒。夏季约 30 天、冬季约 50 天 1 代，每年可繁殖 5~6 代。

防治方法：

①选用无虫种薯，避免马铃薯与烟草等作物长期连作。禁止从病区调运种薯，防止扩大传播。

②块茎在收获后马上运回，不使块茎在田间过夜，防止成虫在块茎上产卵。

③清洁田园，结合中耕培土，避免薯块外露招引成虫产卵为害。集中焚烧田间植株和地边杂草，以及种植的烟草。

④清理贮藏窖、库，并用敌敌畏等熏蒸灭虫，每立方米贮藏库的容积，可用 1ml 敌敌畏熏蒸。

⑤药剂防治。用二硫化碳按 $27g/m^3$ 库容密闭熏蒸马铃薯贮藏库 4h。用药量可根据库容大小而增减，或用苏云金杆菌粉剂 1kg 拌种 1 000 kg 块茎。在成虫盛发期喷药，用 4.5%绿福乳油 1 000~1 500 倍液或 24%万灵水剂 800 倍液喷雾防治。

第五章　脱毒马铃薯的收获与贮藏

第一节　脱毒马铃薯的收获期

一、确定马铃薯收获期

根据生长情况、块茎用途与市场需求及时采收。马铃薯与小麦、玉米等作物不同，不需要等到完全生理成熟，才能收获。马铃薯的收获期有很大的伸缩性，只要块茎生长到一定程度，随时都可收获。

对一般的商品薯来说，马铃薯成熟期的产量虽高，但产值不一定最高。市场的规律是以少为贵，早收获的马铃薯往往价格较高；就同一个品种来说，晚收获的产量高，一般马铃薯块茎膨大期，每天每公顷要增加产量 600~750kg。因此，收获时期根据市场的价格，衡量早收获 10 天的产值是否高于晚收获 10 天产量增加的产值，以确定效益最高的收获期。

加工对马铃薯品种成熟度的要求较高，就同一品种比较，马铃薯生理成熟时的产量最高、干物质含量最高、还原糖含量最低，加工企业对原料薯要求块茎正常生理成熟，才能收获。马铃薯生理成熟的标志是叶色由绿转为黄绿色；植株的根系衰败，植株很容易从土中拔出；块茎容易与相连的匍匐茎脱离；块茎大小、色泽正常，表皮木栓化，表皮不易脱落。

在许多马铃薯主产区，雨季多集中在 7 月至 8 月上中旬，一旦晚疫病发生、流行，很难防治。因此，可根据天气预报，进行早杀秧，虽然对产量有一些影响，但却减少了块茎感染晚疫病和腐烂的概率，实际上起到了稳产、保品质的作用。

二、马铃薯收获注意事项

马铃薯的收获方法因种植规模、机械化水平、土地状况和经济条件而不同。不管用人工还是机械收获，收获的顺序一般为除秧、挖掘、拣薯装袋、运输、预储等。收获时应注意以下事项。

（1）晴天收获。选择晴朗天气收获，在收获的各个环节中，尽量减小块茎的破损率。

（2）收获要彻底。避免大量块茎遗留在土壤中，当用机械或畜力收获后，应复收复拣。

（3）先收种薯，后收商品薯。不同品种、不同级别的种薯，不同品种的商品薯都要分别收获，分别运输，单存单放，严防混杂。

（4）注意避光。鲜食用的商品薯或加工用的原料薯，在收获和运输等过程中应注意遮光，避免长期暴露在光下薯皮变绿、品质变劣。

（5）促使块茎薯皮木栓化。块茎薯皮木栓化是安全储藏的必要条件。如薯皮幼嫩，容易破皮或受伤，病菌易于侵入，入窖后，一旦湿度大，则引起腐烂，并扩大蔓延。收获前进行压秧、灭秧可促使薯皮木栓化，但灭秧的时间，应根据栽培目的确定。种薯生产，可在马铃薯植株尚未枯黄时进行灭秧，这样可控制块茎不过大；商品薯生产，特别是为加工油炸薯片、加工淀粉生产的原料薯，则需要植株完全成熟时灭秧。收获前压秧或灭秧促使薯皮木栓化，可采用的方法，一是收获前 10~15 天，用机引或牲畜牵引的木辊子将马铃薯植株压倒在地，植株则停止生长，植株中的养分尽快转入块茎，并可促使薯皮木栓化；二是割秧，收获前 10 天，用灭生性除草剂如克无踪等喷洒植株灭秧，地下块茎则停止生长，促进薯皮木栓化；三是适当晚收，当薯秧被霜害冻死后，不要立即收获，根据天气情况，延长 10 天左右，薯皮木栓化后再收获。

第二节　脱毒种薯田间测产

一、田间测产时期

田间考察的目的是发现问题，避免问题种薯进入生产。因此，考察时间宜选在田间问题最容易暴露的时期，这样方能全面发现问题。原则上田间考察应进行 2~3 次，分别为苗期、开花期和块茎膨大盛期。如果只考察一次，则以块茎膨大盛期为好，因为这时植株的一些问题基本上都能暴露出来，很容易鉴别种薯质量的好坏。

二、田间考察内容的确定

进行种薯田考察，首先必须明确需要考察的内容，然后按次序观察，这样方能保证获得满意的考察结果，从而综合判断该种薯田的种薯质量的优劣。考察内容如下。

（一）田间植株的整齐度

通过观察田间植株的整齐度，可以大体判断该种薯田是否存在植株退化现象、出苗时间是否一致等。如果有退化植株存在，则因其生长矮小，田间易出现高矮不齐的现象。

（二）是否有缺苗现象

田间缺苗的原因有机械播种时漏播、切块时薯块上没有芽眼、种薯带病致使播种后发生腐烂、地下害虫为害。在田间考察时，要通过观察和了解确定是因哪种因素而引起缺苗。

（三）田间卫生状况

田间卫生状况主要指田间及周围杂草的清除情况。如果杂草丛生，一方面说明该种薯田的田间管理松懈；另一方面杂草可为病虫滋生提供条件，从而增加种薯感染各种病害的机会。田间植株生长不良也会为杂草蔓延创造条件。

（四）观察繁殖条件是否适合

（1）土壤条件。土壤条件包括土壤质地、肥力情况。在沙砾过多的土壤上繁殖种薯，一方面由于环境条件差，影响种薯自身的发育状况（种薯生长发育不良会影响种性质量的好坏）；另一方面在收获时容易擦伤块茎，为病菌侵染提供条件。

（2）肥水供应情况。在种薯生产中并不是肥水越多越好，在大肥大水的条件下植株容易徒长，造成田间通风透光性差，为病害的发生提供了条件，同时延迟块茎成熟，不利于早灭秧和块茎表皮的老化。在种薯生产中要求营养元素均衡供应，哪种元素都不能少，否则将影响种薯的内在质量。

（3）气候条件。高温干燥的气候条件不适合繁殖马铃薯种薯，因为这样的条件既有利于蚜虫活动，也有利于病毒在植株体内繁殖和侵害，其结果是种薯退化速度加快。

（4）氮肥是否过量。氮肥过多易引起植株徒长，造成田间通风透光性差，为各种病害的侵染与蔓延创造了条件，导致块茎干物质含量下降、植株贪青晚熟不利于薯皮老化、掩盖病毒症状等。

（5）是否有杂株。杂株是指除本品种以外的其他品种的植株。鉴别杂株的方法是观察花冠颜色、叶片颜色、茎的颜色等。

（五）是否有退化现象

主要指病毒性退化，病毒性退化的症状包括卷叶、花叶、重花叶、皱缩花叶、黄化、植株矮小等。观察花叶的方法是遮住阳光，看叶片上是否有黄（浅黄）绿相间的斑点。

（六）是否有其他病害

其他病害包括真菌性病害、细菌性病害、土传病害等。很多病害是通过种薯传播的，凡是发病严重的地块，都不适合作种薯田。

第三节　马铃薯的采收

采收是马铃薯生产中的最后一个环节，也是影响储藏的关键环节。马铃薯一定要在适宜的成熟度时采收，采收过早或过晚都会对产品品质和耐储性带来不利的影响。另外，在采收时要尽可能避免对马铃薯块茎造成损伤。马铃薯采收的原则是及时而无损伤，达到保质保量、减少损耗、提高其储藏加工性能。

一、采收成熟度的确定

采收马铃薯之前首先要确定其成熟程度，食用薯块和加工薯块以达到生理成熟期收获为宜，收获产量最高。马铃薯生理成熟标志是：叶色变黄转枯，块茎脐部易与匍匐茎脱离，块茎表皮韧性大，皮层厚，色泽正常。

种用薯块应适当早收，一般可提前 5~7 天收获。此外，马铃薯的收获还应依气候、品种等多种因素确定。春薯宜在 6 月上中旬收获，秋薯则应在 11 月上旬收获，不能受霜冻。无论春薯秋薯，收获前如遇雨天，都应待土壤适当干燥后收获。刚出土的块茎，外皮较嫩，应在地面晾 1~2h，待薯皮表面稍干后再收集。但夏天不能久晒，采收后应及时收藏在阴凉处。储藏时应严格挑选，剔除有病变、损伤、虫咬、雨淋、受冻、开豁、过小、表皮有麻斑的块茎。

二、采收方法

马铃薯的采收方法分为人工采收和机械采收两种。

（一）人工采收

人工采收马铃薯是长期以来人们所采用的方法，人工采收与机械采收相比，其采收的灵活性很强，机械损伤少，可以针对不同的产品、不同的形状及时进行采收和分类处理。另外，只要增加采收工人就能加快采收速度，便于调节控制。但是目前国内的人工采收仍存在许多问题。例如采收工具比较原始，国内所采用的采收工具主要是铲和耙，采收粗放。有效地进行人工采收需要进行非常认真的管理，对新上岗的工人需进行培训，使他们了解产品的质量要求，尽快达到应有的操作水平和采收速度。

（二）机械采收

20 世纪初，中国农村和欧美一些国家开始使用畜力牵引的马铃薯挖掘犁来代替手锄挖掘薯块，随后改由拖拉机牵引或悬挂。这可以说是马铃薯机械采收的雏形。20 年代末出现了能使泥土与薯块分离的升运链式马铃薯收获机；此外还有抛掷轮式马铃薯挖收机以及振动式马铃薯收获机。50 年代后发展了能一次完成挖掘、分离土块和茎叶以及装箱或装车作业的马铃薯联合收获机。

目前，马铃薯收获机仍存在许多问题，如机具的适用性能不够完善。国内马铃薯收获机械研制大多是根据经验设计，以小型、配套动力小、结构简单、轻便为主，普遍存在可靠性差，作业质量不稳定，作业时在起薯铲部容易发生壅土阻塞；分离效果不好，马铃薯搓皮碰撞较重，尤其是薯皮蹭破损伤。机具功能少。马铃薯收获机不但要完成挖掘，还要完成分离、筛选、装车，直至运到收购处，以减少人的劳动强度，提高收获的自动化程度。国内现有马铃薯收获机大多能完成挖掘和初步分离，但需用人工捡拾和分选。国外马铃薯联合收获机技术成熟，但价格昂贵，体积庞大，不适合我国小规模生产方式，所以必须达到相当规模才能具有较好的经济性。

三、采收注意事项

（1）除秧。收获前 2~4 周，用割秧、拉秧、烧秧或化学药剂等方法除秧。

（2）收获前检修收获农具备用，准备好入窖前的临时预储场所等。

（3）收获过程。应注意避免因使用工具不当而大量损伤块茎；防止块茎大量遗漏在土中，用机械收或畜力犁收后应再检查或耙地捡净；先收种薯后收商品薯，不同品种分别收获，防止收获时的混杂；收获的薯块要及时运走，不能放在露地，更不能用发病的薯秧遮盖，要防止雨淋和日光暴晒；如果收获时地块较湿，应在装袋和运输储藏前，使薯块表面干燥。

第四节　脱毒马铃薯收获机械

人工收获不仅生产效率低，而且损伤、丢失严重，劳动强度大，生产成本高。利用马铃薯收获机将马铃薯从地下起运、筛土，最后将马铃薯裸露在地表之上。达到快收、省力、挖得净、不破皮的效果，可提高工效 20 倍以上。

一、马铃薯收获的工艺和机械类型

马铃薯收获的工艺过程包括切茎、挖掘、分离、捡拾、分级和装运等工序。按照完成的工艺过程，马铃薯收获机大致可以分成马铃薯挖掘机和马铃薯联合收获机两种。

（一）按动力分

马铃薯挖掘机有机动和畜力两种，可完成挖掘和初步分离，用人工捡拾和分级装运。

（二）按挖掘形式分

（1）抛掷轮式挖掘机掘起的土垡在抛掷轮拔齿的作用下，被抛到机器一侧，并散落在地表，为了避免抛的分散而不便捡拾，挖掘机在工作时带有挡帘。这种挖掘机结构简单，重量轻，不易堵塞工作部件，适合在土壤潮湿黏重，多石和杂草茂盛的地上作业，缺点是埋薯多，拔齿对薯块的损伤较大，现在已逐步淘汰。

（2）升运链式其分离部件为杆条式升运器。工作时挖掘铲将薯块同土壤一起铲起，送到杆条式升运器，在一边抖动一边输送的过程中，把大部分泥土从杆条间筛下，薯块在机器后部铺放成条，为了便于捡拾和装运，升运筛后部固定一个可调的集条挡板，有的还装有横向集条输送器，升运链式挖掘机适宜在沙土和壤土地上作业。其特点是：工作稳定可靠，但机具较重。

（3）振动式是通过曲柄连杆机构摆动栅条分离筛进行薯块与土壤的分离，由于工作部件振动，可在一定条件下产生较大的瞬时力，从而增强了碎土性能，强化了分选效果。

（三）按收获方式分

（1）挖掘型属手扶拖拉机或小四轮拖拉机配挂的简易挖掘

机（铲）。主要部件只有挖掘铲。作业时需人工扒土清选、捡拾。特点：结构简单，整机成本低，但明薯率低，损失率高，生产率低，作业效果差。

（2）挖掘分离型属手扶拖拉机或四轮拖拉机悬挂或牵引的马铃薯收获机。主要由悬挂或牵引连接装置、机架总成、挖掘、输送分离装置等部件组成。能一次完成挖掘、输送、清选、铺条等项作业。特点：明薯率高、损失率低、作业效果好。基本适应马铃薯种植的农艺要求。

（3）联合收获型主要由牵引悬挂连接装置、机架总成、挖掘部件、输送、分离、清选、提升、卸料装置等部分组成。能一次完成挖掘、输送、清选、提运、装卸等项作业。特点：技术含量高、机械化作业程度高、损失率低、作业效果好，适应大面积种植马铃薯的收获作业。

按动力配套型式分为自走式和牵引式两种。

自走式该代表机型有美国 Loganfarm Equipment COLTD 生产的 W9032、W9034、W9038 等 4 行收获机，特点是行走轮上安装有计算机导航系统，可根据 GPS 地理信息系统进行定位；另外还有德国 Grimme 公司生产的两行自走式马铃薯收获机，主要特点是机器自身设计有收集装置，无须人工捡拾，节省了劳动力。机器有分选台，马铃薯块茎在收获同时被分级，减少后续作业流程。

牵引式这种马铃薯收获机按输出方式分为侧输出和后输出两种。侧输出代表机型有美国 4 行牵引式马铃薯联合收获机和德国 Grimme 公司生产的 GZdLI 型马铃薯收获机，GZdLI 型马铃薯收获机具有小型、联合等特点，自身有升运装置，可将马铃薯收集在同步行走的运输车内；Double L 公司及 LookWood 公司的 LL-815 型联合收获机，在自动化控制、薯块分离以及减少薯块损伤等方面都有独到之处，但没有升运装置，仍需人工捡拾。后输出代表机型有德国 Grimme 公司生产 RL-1700 型马铃薯收获机。

二、马铃薯挖掘机的组成及工作原理

(一) 马铃薯挖掘机的组成

应用中的大中型马铃薯收获机均采用杆条链作为土薯分离输运装置，然而对于小型马铃薯收获机，目前我国除了杆条链式之外，还存在摆动筛式和转笼式结构的机型，但后两者在实际应用中所占份额较小。杆条链式马铃薯挖掘机的结构由挖掘铲组件、分离装置、纵向集条栅、传动装置和机架等部件构成，可一次完成挖掘、分离及集条铺放作业。

1. 机架

机架是连接马铃薯收获机各机构的基础部件，是用来承载各部件的载体，一般也将牵引机构安装于机架上。

机架多采用 60mm×40mm 的矩形管、钢板和螺栓焊接而成，主要由挂接板、减速器固定座、挖掘铲固定臂安装螺栓、分离轮固定臂安装螺栓、支撑行走轮安装套筒组成。

2. 挖掘铲

挖掘铲是马铃薯收获机的重要部件，要求挖掘马铃薯要干净利落，同时尽可能少地从行间挖起过多的土壤。其几何形状、尺寸及安装角度对机具阻力影响很大。

马铃薯挖掘铲的功用在于掘出薯块，并将它输送给分离装置。挖掘铲工作时既要保证掘出土层中的所有薯块，又要尽量减少进入机器的泥土量和降低能量消耗，同时还要防止挖掘铲上缠草和壅土，并能顺利地把掘起物输送到分离装置。在不同土壤条件（土质、湿度、温度等）下，圆满完成挖掘任务并达到各项要求非常困难。

根据机具工作时挖掘铲的运动情况，马铃薯挖掘铲分为固定式、回转式、往复式和振动式。根据工作幅宽或铲片不同可分为单铲、多铲和双铲。根据铲面形状又分为平铲（三角铲、条形铲）、凹面铲、槽形铲等。

固定式三角平面挖掘铲结构比振动式挖掘铲和主动圆盘挖掘部件结构简单，制造方便，不需要动力传动。其缺点是容易产生壅土现象。壅土现象产生的原因：土壤板结，有大土块、大石块和杂草缠绕。

振动式挖掘铲具有较高的碎土性能和筛分性能，可减少分离部件的负荷20%~40%，明显提高生产率和作业质量。但在工作时需要动力，功率消耗大，机器运转不平稳。

组合式挖掘铲是对传统平面三角形铲的改型，由二阶平面铲和指状延伸铲构成的组合挖掘铲，使土垡蜿蜒动态流动，综合解决了减阻、壅土和近于平沟底挖掘的问题，但是结构复杂，容易产生壅堵现象。

3. 动力传动系统

拖拉机动力输出轴将动力经链条传给马铃薯挖掘机变速箱的输入轴，变速箱经过一对直齿圆柱齿轮改变了动力的旋转方向和转速后，将动力经过链条传给分离轮轴使其转动，在转动过程中分离弹指撕裂土垡，将薯块从土垡中拨出来。

4. 分离装置

在马铃薯挖掘机上采用的分离装置种类较多。一般马铃薯挖掘机分离装置包括输送分离器和一些专用分离器，输送分离器主要作用是将马铃薯块茎从掘起物的土壤中分离出来，并将块茎及部分土壤输送到一定位置。常用形式有抖动链式、摆动筛式、分离轮式等。

抖动链式输送分离器由抖动链、抖动轮及主、从动链轮组成。抖动链式输送分离器是利用薯块和夹杂物的几何尺寸不同而进行分离的。夹杂物、土块和小石子等从抖动链的杆条中漏下，薯块和大杂物等则送至后续分离器上。抖动轮是被动的，由抖动输送链带动，用来强化分离能力，有椭圆形、半椭圆形和三角形等几种，数量为一个或两个不等。近年来一些机器采用的强制式抖动机构，由曲柄直接驱动，改变曲柄的转速和半径能改变抖动频率和振幅。但抖动链式输送分离器磨损快、金属用量大、体积大。

筛式又可分摆动和振动两种，前者由两摇杆悬吊，曲柄连杆机构驱动；后者两端由弹簧支承，由振动源激振，以前者应用较多。筛子多为长孔，由纵横杆条构成。纵向两杆间隙为25~35cm。一般振动筛式的分离能力比抖动链强，但易堵塞，机架强度要求高。圆筒筛常用来作后续的分离输送器。它通常配置在抖动链式或筛式分离器之后，在筛的内表面装有叶片，在分离的同时提升薯块。这种结构使用可靠性好，能量消耗少，并且没有不平衡的惯性力，但分离能力差，金属用量大，当在潮湿的土壤里作业时容易堵塞。

分离轮式薯土分离器主要由主轴、支撑圆环、分离弹指、弹性橡胶套等组成。在作业时，分离轮式薯土分离器经减速器通过链条带动做旋转运动，分离弹指在工作时将挖掘铲输送过来的掘起物进一步撕裂，从中拨出薯块，提高了薯土分离效率；通过支撑圆环与纵向集条栅的交错结合在薯土分离的同时能提升薯块到一定的高度；弹指上的弹性橡胶套，减少了薯块的碰撞损伤。

（二）马铃薯挖掘机的工作原理

机组作业时，栅条式挖掘机将薯垄掘起，薯和土块一起沿栅条铲面向上向后滑移，在栅条作用下土块断裂破碎，直径小于栅条间隙的土块和马铃薯从栅条之间漏下，进行了一次分离；经过一次分离的薯和土块从栅条式挖掘铲后端滑落在分离轮上，与分离轮上弹指碰撞后被弹指拨送到纵向集条栅上，通过了第二次分离（也是最主要的分离过程，在这个过程中土块通过与弹指碰撞、被弹指拨动进一步撕裂破碎，直径小于分离轮弹指间隙的土块漏下）；其余薯和土块沿纵向集条栅向后滑动破碎使其进一步分离，最后薯与大土块成条铺放在松软垄面上。通过挖掘铲角度调节机构，可以调节马铃薯挖掘机的入土角；改变支撑轮相对于机架的位置可以调整马铃薯挖掘机的挖掘深度；

通过分离轮调整装置，可改变分离轮与栅条式挖掘铲各纵向集条栅的相对位置，以提高马铃薯挖掘机的分离性能和减少伤薯率。马铃薯收获机和拖拉机牵引呈刚性联结，分离轮动力由拖拉机动力输出轴经减速机输入，采用链条传动。

三、马铃薯收获机的使用及调整

（一）马铃薯收获机使用前的准备工作

（1）将马铃薯收获机悬挂在拖拉机后面，使拖拉机的牵引中心线与机具的阻力中心线基本重合，挂接找正后，将左右悬挂臂的限位链拉紧，防止机具在运行中左右摆动。

（2）用万向节将拖拉机的后输出轴与收获机的动力输入轴连接，用手转动万向节，检查连接件是否可靠，旋转方向是否正确。

（3）机具空运转，检查各传动部件转动是否均匀流畅，不能有卡住、异声等不正常现象。

（4）机具下地前，调节好限深轮的限深高度，将挖掘深度调节在收获农艺要求适宜范围。

（二）马铃薯收获机使用注意事项

（1）行走时，拖拉机行走速度应控制在合适的范围，随时注意观察机具的运转情况，发现有异常现象，应立即停车，对机具进行调整。

（2）挖掘时，限深轮应走在要收获马铃薯秧的外侧，确保挖掘铲能把马铃薯挖起，不能有挖偏现象，否则会有较多的马铃薯损失。

（3）收获中发现振动分离筛工作不正常时，应立即停车，排除故障。

（4）作业到地头后，停机清除振动分离筛上缠绕的薯秧、杂草和挖掘铲上的泥土。

（5）使用后，将机具停放在地面上，及时对机具进行检查维护，并在各润滑点加注润滑油保养，放入机棚妥善保管。

（三）马铃薯收获机重要部件的调整

（1）挖掘铲入土角调整。改变挖掘铲两端固定螺钉的位置，可以改变入土角度，获得更好的收获效果。

（2）挖掘深度调整。调整左右两个限深轮高低，即可改变挖掘深度，此调整可结合调整拖拉机悬挂机构的中央拉杆及左右提升拉杆来进行。

（3）振动分离筛转动速度调整。调换带动振动分离筛的主动皮带轮和被动皮带轮，可改变振动筛的转动速度。

（4）传动皮带松紧度调整。改变张紧轮的位置，即可改变传动皮带松紧度。

第五节 脱毒马铃薯贮藏要求及管理

一、马铃薯贮前的预处理

马铃薯收获后有明显的生理休眠期，一般为 2~3 个月，休眠期间新陈代谢减弱，抗性增强。即使处在适宜的条件下也不萌芽，这对贮藏很有利。

马铃薯品种较多，按皮色可分为白皮、红皮、黄皮和紫皮四种类型。其中以红皮种和黄皮种较耐贮藏。作为长期贮藏的马铃薯，应选用休眠期长的品种。栽培时首先要选择优势的种薯，做好种薯消毒工作。施肥时注意增施磷肥、钾肥。生育后期要减少灌水，特别要防止积水。收获前一周要停止浇水，以减少含水量，促使薯皮老化，以利于及早进入休眠和减少病害。

夏收的马铃薯应在雨季到来之前、秋收的马铃薯在霜冻到来之前，选择晴天和土壤干爽时收获，并在田间稍行晾晒。

马铃薯和甘薯一样需要进行愈伤处理，采收后在较高的温湿条件下（10~15℃，相对湿度95%）放置10~15天，以便恢复收获时的机械损伤，然后在 3~5℃ 温度条件下进行贮藏。经过愈伤处理的块茎可以明显降低贮藏中的自然损耗和腐败病引起的腐烂。

此外，铃薯贮藏前还要严格挑选，去除病、烂、受伤及有麻斑和受潮的不良薯块。

二、马铃薯的贮藏条件

马铃薯收获以后，仍然是一个活动的有机体，在贮藏、运输、销售过程中，仍进行着新陈代谢，故称为休眠期。休眠期是影响马铃薯贮藏和新鲜度的主要因素，可以分为3个阶段。

第一个阶段为收获后的20~35天，称为薯块成熟期，也即贮藏早期。刚收获的薯块由于表皮尚未完全木栓化，薯块内的水分迅速向外蒸发，再加上呼吸作用旺盛，很容易积聚水汽而引发腐烂，不能稳定贮藏。而通过这一阶段的后熟作用后，可以使马铃薯表皮充分木栓化，蒸发强度和呼吸强度逐渐减弱，从而转入休眠状态。

第二个阶段为深休眠期，即贮藏中期。一般2个月左右，最长可达4个多月。经过前一段时间的后熟作用，薯块呼吸作用已经减慢，养分消耗也减低到最低程度，这时给予适宜的低温条件，可使这种休眠状态保持较长的时间，甚至可以延长休眠期，转为被迫休眠。

第三个阶段称为休眠后期，也即贮藏晚期。这一阶段休眠状态终止，呼吸作用转旺，产生的热量积聚而使贮藏场所温度升高，加快了薯块发芽速度。此时，必须保持一定的低温条件，并加强贮藏场所的通风，维持周围环境中氧气和二氧化碳浓度在适宜的范围之内，从而使薯块处于被迫休眠状态，延迟其发芽。这一点对增加马铃薯的保鲜贮藏期非常重要。

另外，品种不同，休眠期的长短也不同，一般早熟品种休眠期长，晚熟品种休眠期短。此外，成熟度对休眠期的长短也有影响，尚未成熟的马铃薯茎的休眠比成熟的长。贮藏温度也影响休眠期的长短，低温对延长休眠期十分有利。

马铃薯适宜的贮藏温度为3~5℃，相对湿度90%~95%，马铃薯在3℃以下贮藏会受冷变甜或者产生褐变。4℃是大部分品种的最适贮藏温度。此时块茎不易发芽或发芽很少，也不易皱缩，其他损失也小。马铃薯在 4℃贮藏比在 28~30℃贮藏休眠期长，特别是贮藏初期的低温对延长休眠期十分有利。一般马铃薯在 10~15℃下 2~3 个月可保持不发芽，但 2~3 个月后则会发芽。

马铃薯在相对湿度 90%以上时失水量少，但过湿容易腐烂或提早发芽，过干会变软而皱缩。为了防止马铃薯表面形成凝结水，要进行适当的通风，通风的同时也给块茎提供了适当的氧气，可防止长霉和黑心。

马铃薯贮藏应通风、避光。因为马铃薯如长期受到阳光照射，表皮容易变绿。光能促进马铃薯萌芽，发芽后的马铃薯品质下降，芽眼部位形成大量的茄碱苷，如超过正常含量（0.02%）便能引起人畜中毒，所以马铃薯应避光贮藏。

气调贮藏一般不能延长马铃薯的贮藏期。

三、马铃薯常用的贮藏方法

马铃薯贮藏宜选择休眠期长的早熟种，或在寒冷地区栽培，以红皮种和黄皮种较耐贮藏。栽培中要注意生长后期少灌水，增施磷肥、钾肥，选晴天，土壤适当干燥后适时收获，刚采集的薯块，外皮柔嫩，应放在地面晾晒 1~2h，待表面稍干后收集。但夏季收获的不能久晒，收后应放到阴凉通风的室内、窖内或荫棚下堆放预贮，薯堆不高于 0.5m，宽不超过 2m，在堆中放一排通风管通风降温，并用草苫遮光，预贮期间，视天气情况，不定期检查倒动薯堆以免伤热。贮藏前应剔除病变损伤、虫咬、雨淋、受冻以及表皮有角斑等不良薯块。

（1）堆藏。选择通风良好、场地干燥的仓库，用甲醛和高锰酸钾混合进行熏蒸消毒，经 2~4h 待烟雾消散后，即可将经过挑选和预冷的马铃薯进仓堆桩贮藏。每平方米可着地散堆750kg，四周用板条箱、萝筐或木板围好，高约 1.5m，当中放进若干竹制通气筒通风散热。此法适用于短期贮藏和气温较低时秋马铃薯的贮藏。

（2）埋藏。马铃薯怕热、怕冻、怕碰，挖出的马铃薯应放在阴凉处停放20天左右，待表皮干燥后再进行埋藏。一般挖宽1.2m、深1.5~2.0m坑，长不限，底部垫层干沙，将马铃薯覆盖5~10cm厚干沙。埋三层，表面盖上稻草，再盖土20cm。沟内每隔1m左右放置一个用秸秆编织的气筒通风透气，通气筒高出地面40~50cm。严冬季节增加盖土厚度，并用草帘等将通气筒封闭堵塞，防雨雪侵入。

（3）辐射贮藏。用γ射线同位素处理，能抑制马铃薯发芽。经γ射线处理后，薯块生长点及生长素的合成遭到破坏，使呼吸作用减弱。所用剂量为1万~2万伦琴。留种薯勿用γ射线处理。

（4）萘乙酸甲酯处理贮藏。南方地区夏秋季收获的马铃薯，由于缺乏适宜的贮藏条件，在其休眠期过后，就会萌芽。为抑制萌芽，可将98%纯萘乙酸甲酯15g，溶解在30g丙酮或酒精中，再缓缓拌入预先准备好的1~1.25kg干细泥中，尽快充分拌匀后装入纱布或粗麻布袋中。然后将配制好的药物均匀地撒在500kg薯块上，注意药物要现配现用，撒药均匀。将处理后的马铃薯进行散堆或装箱堆桩，并在四周遮盖1~2层旧报纸或牛皮纸。一般情况下，药物剂量越大，抑制发芽的时间越长。

（5）通风库贮藏。一般散堆在库内，堆高1.3~2m，每距2~3m垂直放一个通风筒。通风筒用木片或竹片制成栅栏状，横断面积0.3m×0.3m。通风筒下端要接触地面，上端伸出薯堆，以便于通风。如果装筐贮藏，贮藏效果也很好。藏期间要检查1~2次。

（6）某些香料可防止马铃薯发芽，杏仁、桂皮、薄荷油、麝香草等香料不但可抑制马铃薯发芽，还能使食物更加美味可口，而最新的试验结果表明，它们还有益于保鲜。

四、马铃薯的窖藏

选地势高、干燥、土质坚实、背风向阳的地方建窖。若是旧窖，要先晾窖 7~8 天降低窖内温度，入窖前 2 天，把窖打扫干净，最好把窖壁、窖底的旧土刮掉 3~5cm，用石灰水消毒地面和墙壁。对于种薯要严格选去烂薯、病薯和伤薯，将泥土清理干净，堆放避光通风处。马铃薯种薯在窖内的堆放方法有堆积黑暗贮藏、薄摊散光贮藏、架藏、箱藏等。可贮藏 3 000~3 500 kg，但注意不能装得太满，以装到窖内容积的 1/2 为宜，最多不超过 2/3，并注意窖口的启闭。

窖藏马铃薯入窖后，一般不倒动，窖藏期间的管理办法如下。

（1）温度管理。马铃薯在贮藏期间与温度的关系最为密切，作为种薯的贮藏，一般要求在较低的温度条件下贮藏可以保证种用品质，使田间生育健壮和取得较高的产量。10—11 月，马铃薯正处在后熟期，呼吸旺盛，分解出较多的二氧化碳、水分和热量，容易出现高温高湿，这时应以降温散热、通风换气为主，最适温度应在 4℃；贮藏中期的 12 月至翌年 2 月，正是气温处于严寒低温季节，薯块已进入完全休眠状态，易受冻害，这一阶段应是防冻保暖，温度控制在 1~3℃；贮藏末期 3—4 月，气温转暖，窖温升高，种薯开始萌芽，这时应注意通风，温度控制在 4℃。

（2）湿度管理。在马铃薯块茎的贮藏期间，保持窖内适宜的湿度，可以减少自然损耗和有利于块茎保持新鲜度。因此，当贮藏温度在 1~3℃时，湿度最好控制在 85%~90%，湿度变化的安全范围为 80%~93%，在这样的湿度范围内，块茎失水不多，不会造成萎蔫，同时也不会因湿度过大而造成块茎的腐烂。

（3）空气管理。马铃薯块茎的贮藏窖内，必须保证有流通的清洁空气，以减少窖内的二氧化碳。如果通风不良，窖内积聚太多的二氧化碳，会妨碍块茎的正常呼吸。种薯长期贮藏在二氧化碳较多的窖内，就会增加田间的缺株率植株发育不良率，导致产量下降。通风又可以调节贮藏窖内的温度和湿度，把外面清洁而新鲜的空气通入窖内，而把同体积的二氧化碳等排出窖外。

（4）定期消毒。入窖后用高锰酸钾和甲醛溶液熏蒸消毒杀菌（每120m² 用500g 高锰酸钾对700g 甲醛溶液），每月熏蒸一次，防止块茎腐烂和病害的蔓延。并且每周用甲酚皂溶液将过道消毒一次，以防止交叉感染。

另外种藏期，老鼠的为害也不容忽视。

五、马铃薯冬贮易出现哪些问题及解决办法

马铃薯冬贮的过程中经常出现冻窖、发芽、烂窖、萎蔫、黑心等现象，要注意提前预防。

（1）冻窖。每年12月至翌年2月正值严寒冬季，外界气温低，马铃薯块茎正处于深度休眠状态，呼吸弱，放出热量少，极易发生冻窖。

防止办法：应及时密封窖口和气眼，定期检查窖温，最好在薯堆上加盖草帘、秸秆、麻袋等防潮、防寒；适当的时候可以在窖内安放火炉增温。火炉多放于距第1窖门不远处的走廊上。根据块茎在贮藏期间的生理变化及块茎的不同用途要求，种薯贮藏窖温保持在2~4℃为宜，商品薯4~5℃为适；工业加工用薯短期贮藏窖温保持在10~15℃为适，长期贮藏以7~8℃为适。

（2）发芽。块茎在贮藏过程中发芽，将严重影响种薯翌年的发芽势及生长势，降低鲜薯食用和加工品质。窖温高是导致发芽的主要原因。入窖初期外界气温高、开春之后气温迅速回升都易使种薯发芽。短时间窖内温度偏高并无大碍，长期的高窖温会使块茎大量发芽。休眠期的长短也是块茎贮藏期间能否发芽的另一个主要因素。

防止办法：秋季应适当降低堆高，一般不超过窖内有效空间（起拱窖不算拱高）的2/3，以窖高的1/2为最适，这样可以保证良好的空气对流，使块茎能进行正常的呼吸；春季应防止热空气进入窖内提高窖内温度而使块茎发芽。商品薯或加工用

薯可喷抑芽剂延长块茎的休眠期，抑制发芽。但种薯忌用抑芽剂。

（3）烂窖。刚收获的块茎处于浅休眠状态，表面湿度大，表皮还未完全木栓化，伤口没有完全愈合，加之块茎自身所含的水分和呼吸产生的水汽，通过薯皮的渗透和蒸发，易使薯堆内温度及水汽含量增高，同时，窖内通风不良，外界气温较高，如果窖内混入个别感染晚疫病、黑胫病等病害的块茎，极易造成烂窖。种薯在贮藏期间，由于薯堆内的温度较高，含水量较大的空气逸出薯堆，与薯堆表面冷空气相遇使多余水汽凝结成小水珠，即所谓的"出汗"。若窖的四壁及棚顶也长时间凝有水滴，加之窖温偏高，则块茎极易腐烂。

防止办法：挑选健康完整的块茎入窖，淘汰病、烂、畸形、有机械伤的块茎。种薯贮藏初期应加强窖内外空气的流通，有条件的可在窖中安装排风扇，以防薯堆过热，并使窖内湿度保持在80%~93%。在密封气眼、窖口之后的深冬时节，在薯堆上面加盖一定厚度的草帘或秸秆、麻袋等，使薯堆顶部的块茎较温暖，从而缓和了薯堆顶部的冷热差距，避免了堆顶块茎凝水造成的湿度过大而引起腐烂，并且覆盖物还可以阻挡由窖顶融化的霜水。

（4）萎蔫。窖贮过程中湿度过小会导致萎蔫，影响块茎的新鲜程度，此种情况在窖贮中较少出现。

防止办法：在入窖时不除去块茎上所黏附的泥土，直接入窖，翌年春季出窖时块茎非常新鲜。

（5）黑心。在块茎贮藏期间，特别是在深冬时节，贮藏窖的气眼和窖口封严之后，窖内空气流通不畅，加之长时间的贮存耗氧量大，会使窖内通气不良，引起块茎缺氧呼吸，不仅养分消耗增多，还会引起组织窒息从而产生"黑心"。若用这种黑心的块茎作种薯，易导致缺苗和产量下降。

防止办法：在运输过程中或贮藏期间，特别是贮藏初期，保证空气流通，促进气体交换是避免黑心的重要环节，必要时应配备通风设备。选择较轻质土壤种植，并在适宜天气和土壤湿度下进行收获，以保证块茎的清洁；若种植的地块土壤黏滞，或收获时赶上阴雨天，块茎携带的泥土会大幅度地增加，薯堆内的泥土会增加空气流通阻力，且泥土覆盖薯皮也会影响热量的散失，这样的块茎不宜直接入窖，最好经过晾晒处理后再入窖。在贮藏后期，外界气温升高，温暖空气的进入会提高窖温，加速块茎萌芽。因此，阻止和减少空气的流通是有效的办法。

六、马铃薯的夏季贮藏

马铃薯二季作区的春薯栽培，收薯正处在炎热的夏季，一时不能上市的也需进行贮藏保鲜。夏季贮藏马铃薯与秋冬贮藏是不同的，应特别注意贮藏的场所要严格消毒，贮藏过化肥、农药、油类物品的地方，不能再贮藏马铃薯，也不能和葱蒜类蔬菜放在一起贮藏，否则易引起块茎腐烂。

食用薯贮藏应尽量保持低温，尽量避光保存。设法降低自然损耗。长时间的见光薯块必然变绿，结果常使薯块食味发麻，甚至失去食用价值。食用薯的贮藏技术要点和方法如下。

（1）温湿度适宜。马铃薯贮藏适宜的温度为3~5℃，相对湿度为90%~95%。马铃薯在3℃以下贮藏会受冷变甜或者产生褐变。4℃是大部分品种的最适贮藏温度。因为在4℃下，块茎不发芽或很少发芽，皱缩少，其他损失也少。马铃薯在相对湿度90%以上时失水最少，但过湿容易腐烂或提早发芽，过干会变软而皱缩。为了防止马铃薯表面形成凝结水，要进行适当的通风，通风的同时也给块茎提供了适当的氧气，可防止长霉和黑心。

（2）采前准备。长期贮藏的马铃薯，应选用休眠期长的品种。栽培时，首先要选用优质的种薯，做好种薯消毒。施肥中注意增施磷肥、钾肥。生育后期要减少灌水，特别要防止积水。收获前一周停止浇水，使块茎含水量减少，薯皮充分老化，以利于及早进入休眠和减少软腐病及晚疫病的传染。

（3）贮前处理。经过愈伤处理的块茎可以明显降低贮藏中的自然损耗和腐败病菌引起的腐烂。马铃薯在贮藏条件适宜时，贮藏期可达 8~12 个月。马铃薯和甘薯一样，采收后需要在较高的温湿度条件下进行愈伤处理，以恢复被破坏了的表面保护结构。一般在 10~15℃、95% 相对温度条件下，放置 10~15 天。然后在 3~5℃ 温度条件下进行贮藏。

（4）收后预贮。春播夏收的马铃薯，在 6—7 月收获。收获后尚有 3 个月以上的时间处在高温条件下，若无冷库贮藏条件，则需先在阴凉通风的室内，或荫棚下堆放预贮。薯堆一般不高于 0.5m，宽不超过 2m。在堆中放一排通气筒以便于通风降温，并用草苫遮光。要视天气情况不定期检查和倒动。倒动时，要轻拿轻放，避免机械损伤。等到气温变冷后要转移到保温较好的贮藏窖内进行冬季贮藏（或进行沟藏和通风库贮藏）。

（5）通风库贮藏。将马铃薯装筐码于库内，每筐约 25kg。薯筐不要装得过满，以防被压伤，同时也利于通风散热。垛的高度以 5~6 筐高为宜。另外也可以散堆于库内，堆高为 1.3~1.7m，薯堆与库顶之间需有 60~80cm 的空间。薯堆中每隔 2~3m 放一个通风筒。为了加速排除薯堆中的热量和湿气，可在薯堆底部设通风道与通气筒连接，用鼓风机吹入冷风。秋季至初冬，夜间应打开通风系统，让冷空气进入，白天则关闭，使室内保持低温。冬季应注意保温，必要时加温。春季气温上升后可采用夜间短时放风、白天关闭的方法，延缓库温上升。

（6）棚窖贮藏。用于贮藏马铃薯的棚窖，其结构与大白菜窖相似，但由于马铃薯贮藏适温（4℃）高于大白菜（0℃），所以窖身要加深，窖顶覆盖增厚，以提高保温性能。通风面积也可略小于白菜窖。马铃薯可以在窖内堆放，也可装筐后码成垛。薯堆厚度一般不超过 1.5m。薯堆中每隔 2~3m 应设置一个通气筒。通气筒可用竹条做成带格空心圆柱形，以利于通风散热。窖藏马铃薯一般不需倒动，但在窖温较高时，除了加强通风降温外，可酌情倒动 1~2 次。严冬季节则特别要注意保温防冻。

春季天气转暖后可采用夜间放风、白天封窖的办法控制温度。

但种薯贮藏不能放在低温处，准备秋播的马铃薯更应注意，以免到秋季播种时块茎没有度过休眠期，影响播种质量，造成不出苗或出苗晚，降低产量和品质。夏季贮藏一般都在薯堆上盖上薄薄的一层沙，也可盖些报纸或薄的草毡。室内贮存时白天应关闭窗户，并在窗户上搭上荫棚，避免烈日高温，晚上开窗通风。贮藏地面可铺干沙 5cm，薯块精选后放在上面，厚度不要超过 30cm，且应不断检查，随时剔除烂薯。夏秋季节，贮藏室温度往往在 30℃ 以上，必须设法通风降温，保持 25℃ 左右，相对湿度保持 80% 左右。特别是贮藏前期，块茎呼吸作用旺盛，放出大量水分、二氧化碳和热量，会引起贮藏室的高温高湿，造成烂薯。所以通风降温，保持空气干燥非常要紧，最少每隔 20 天要全面检查 1 次，确保贮藏安全。

七、马铃薯种薯贮藏的特殊要求

（1）贮藏场所消毒。将窖（库）的内壁和地面清扫干净，封闭通风孔和门口，用高酸钾和甲醛溶液进行消毒，每立方米用高锰酸钾 7~10g，甲醛溶液 15~20ml，24h 后打开通气即可。也可用 1%~3% 来苏尔喷洒贮藏场所。还可以用生石灰对贮藏场所进行消毒。

（2）藏前种薯处理。

①晒种。刚收获的种薯不能马上入窖，应当晒 3~5 天，一方面除去表皮泥土，另一方面通过晒种，使表皮变老、变厚、变粗，使得细菌不易侵入，不易在搬运时受创伤。

②分捡。捡出烂薯、破薯，防止带菌的种薯入库。

③药剂拌种。结合后期晒种进行，用广谱性防治细菌性和真菌性病害的药剂，按正常剂量均匀喷洒在种薯表面，要求洒均匀，并晾干。常用的药剂有多南灵·代森锰锌（病克净）加硫酸链霉素、百菌清加硫酸链霉素或噁霜灵加硫酸链霉素。

④合理包装。用能装 25~40kg 的网袋包装，既好堆放，又

易搬运。

（3）注意事项。

①合理堆放。按级别堆放，大薯稍高一些，堆高1.5～2m；小薯低一些，1～1.5m。如按垛堆放，每垛9～15袋，一排4～5垛，堆5排留一走道，便于通风、观察。最大贮藏量不能超过窖（库）容积的2/3，一般1/2即可，这样堆放可减少或避免倒窖。

②防止混杂。无论在北方还是在南方地区，农民一般只有一个贮藏窖或贮藏库，往往将不同品种的种薯和食用商品薯贮藏在一起，很容易造成混杂。为了防止混杂，可以将种薯用不同颜色的网袋包装，最好能在每袋种薯内放入一个简易的标签，写上种薯的品种名称。当一个农户种植一个以上品种时，这种方法尤其重要。

③保持适合的贮藏温度和湿度。在北方地区，由于冬季气温较低，要防止种薯受冻害。当最低温度在1℃以下时，关闭所有通气孔，必要时可生火加热或利用其他加热措施，也可在薯块表面盖草帘，以缓冲上下温差，防止薯块表皮"出汗"，注意观察窖内温度，窖顶有水珠但未结冰即可。在南方地区，由于藏期间温度过高，种薯容易发芽，加上湿度过大，种薯容易腐烂。马铃薯种薯最佳的贮藏温度是在4℃左右，湿度在85%～90%。

④防止贮藏期间的病虫害。在种薯入窖前应确认所保存的种薯不带活虫，特别是金针虫等。在出害前，如果种薯已萌芽，还要防止蚜虫的为害，如果窖内存在活动的蚜虫，它们同样可以起到传播病毒的作用。

⑤防止与带病的商品薯接触。在搬运和倒窖（倒库）时，应避免种薯和商品薯接触，以避免商品薯所带的病毒侵染种薯。种薯存放位置应当相对独立，保证搬运商品薯时，不易接触到种薯。

八、马铃薯与甘薯不宜同窖贮藏

甘薯、马铃薯虽说都是薯类作物，但它们确有所不同，甘薯不能与马铃薯混贮，原因有二。

（1）窖藏期要求温度不同。

①甘薯是喜热作物，种植是在温度高的夏季和早秋，在贮藏甘薯时，为了预防黑斑病、软腐病等入侵薯块，一般入窖后先将窖温提高到 34~37℃、相对湿度 85%上下，并持续 4 天左右，以使薯块在挖掘时所造成的伤口尽快愈合，防止染病，生产上称之为高温愈合。在此之后窖温一般掌握在 10~15℃，相对湿度 85%~90%，这样能使甘薯处于相对稳定的休眠状态。如窖温低于 9℃，时间过长便会发生冷害，使薯块的贮藏性减弱，易发生僵心或腐烂。如果害温在 3~6℃，6 天就会表现出冷害然后发生干腐。当然如果温度高于 15℃，薯块呼吸会加剧，大量消耗养分和水分使薯块减重，并且易造成病菌蔓延，导致薯腐或发芽。

②马铃薯是喜冷的作物，种植是在低温的早春和晚秋，薯贮存期间的最适宜窖温为 2~4℃。温度高于 5℃，块茎的呼吸作用强水分消耗比干物质耗量大，会出现表皮皱缩现象，尤其是在通过休眠期后块茎芽眼中的幼芽便开始萌动，12℃ 以上块茎便大量抽芽。一旦出芽，其芽眼周围便会产生一种叫龙葵碱的毒素，对人畜有害，影响其外观和食用品质。所以，发了芽的薯块一定要将芽眼周围的薯肉挖掉才能食用。薯块发芽变青严重时只好全部扔掉。至于窖内湿度，马铃薯与甘薯类似，以85%~90%为宜，湿度不够也会发生皱缩，影响食用和种用价值。湿度高时霉菌容易发生，甚至造成块茎腐烂。

（2）窖藏期要求通风透光不同。

①甘薯是块根贮藏，冬贮时呼吸微弱，需氧量很少，在无光黑暗不通风微氧条件下能安全越冬。

②马铃薯却不同，它是块茎贮藏，冬贮时，不仅要有一定的散射光，还必须有充足的氧气。如果缺氧，马铃薯被迫进行无氧呼吸，由于酒精中毒，而引起薯块"出汗"从而导致腐烂，所以，冬贮就要有很好的通风和适度的透光条件。

　　根据甘薯、马铃薯在贮藏期的生理特性，如果把二者窖藏在一起，在管理上不可能二者温度、光照、氧气的需要都能得到满足。结果不是马铃薯发芽有毒，就是甘薯"硬心"，所以二薯切勿混合窖贮。

第六章　脱毒马铃薯种薯生产

第一节　脱毒马铃薯种薯概述

一、脱毒种薯的概念

被当成种子的薯块就是"种薯"。而"脱毒种薯"则指的是马铃薯的种薯由一系列物理、生物、化学或其他技术措施除掉薯块体内的病毒后，获得的经检测无病毒或很少有病毒侵染的种薯。在马铃薯的脱毒快速繁殖和种薯生产系统中，所有级别的种薯的总称就是脱毒种薯，种用脱毒试管苗在试管里诱导生产的薯块称作"脱毒试管薯"。在由人工控制的防虫网室中，使用试管薯栽培、试管苗移植和脱毒苗杆插等方法生产的小薯块就叫做"脱毒微型薯""脱毒原种""脱毒原原种""一级脱毒种薯""二级脱毒种薯"等。脱毒种薯的生产和一般的种子繁育不一样，它需要经过十分严谨的生产过程，依照各种种薯的生产技术的要求，采用一系列防止病毒和别的病害感染的措施，这包括种薯生产田用到人工或天然隔离条件、严格的检测和监督病毒的措施、把握好播种和收获的时间、尽快去除有病植株、保持周围环境的安全、防蚜避蚜和种薯收获后的检验等，要严格把关每一块种薯田，保证脱毒种薯的质量。经试验，确定脱毒种薯有十分明显的增产效果，使用脱毒种薯可以增产30%～50%，高者增产1～2倍，甚至多至3～4倍。使用脱毒种薯生产马铃薯的方法之所以有这么大的增产效果，一是种薯的品质高，没有或几乎没有受到病毒的侵害，因此植株在生长过程中可以充分发挥品种优良的生产特性；二是当地农家品种的退化比较严重，当地的品种退化得越严重，使用脱毒种薯生产的田地的增产情况就越明显，增产量就越多。

（一）脱毒苗

应用茎尖组织培养技术获得的，经检测可确定不带有马铃薯卷叶病毒（PLRV）、马铃薯 X 病毒（PVX）、马铃薯 Y 病毒（PVY）、马铃薯 S 病毒（PVS）、马铃薯 A 病毒（PVA）和马铃薯 M 病毒（PVM）等病毒以及马铃薯纺锤块茎类病毒（PSTV）的再生试管苗。

（二）脱毒种薯

指的是从繁殖脱毒苗开始，经过一代代繁殖增加种薯数量的种薯生产体系所生产的达到质量标准的各级种薯。脱毒种薯有两类，即基础种薯和合格种薯。基础种薯指的是用于生产合格种薯的原原种以及原种；而合格种薯指的则是用作生产商品薯的种薯。

（三）脱毒组培苗

指的是利用脱毒苗，用组织培养的方法大量繁殖，用作生产原原种的试管苗。

（四）试管薯

试管苗是一种微型小薯，在组织培养容器中经诱导产生。重量通常不足 1g，不过因为在生产过程中没有接触外界环境，因此生产出的微型小薯质量佳，可直接用于脱毒生产原种或生产微型薯。

（五）原原种

指的是温室条件下在防虫网室中利用组培苗生产的马铃薯不含有病毒、类病毒和其他马铃薯病虫害的，具有所选品种（品系）的典型特征的种薯。通常生产的种薯较小，重量小于 10g，因此常常被称作微型薯，也被称作脱毒微型薯。

（六）原种

有两类，即一级原种和二级原种。一级原种是以原原种为种薯，在良好的隔离防病虫的环境中生产出的达到一级种质量标准的种薯。二级原种则是以一级原种为种薯，在良好的环境中生产的达到质量标准的种薯。

（七）合格种薯

分为一级种薯和二级种薯。一级种薯指的是以原种为种薯，在良好的隔离防病虫的环境中生产出的达到一级种质量标准的种薯。二级种薯指的是以一级种薯为种薯，在同样良好的条件下生产出的达到二级种质量标准的种薯。

二、脱毒种薯的意义

（一）使出苗率得到提高

在实际生产应用中，脱毒种薯有个突出特点，就是烂薯率大幅度降低，出苗率上升。和没有脱毒的种薯相比，前者的平均出苗率比后者高 13.7%~31.9%，在有些干旱地区，这一数值可高达 60.9%。

（二）植株生长旺盛，生长势增强

马铃薯脱毒后，植株的生长势旺盛。例如，初花期植株的高度，脱毒的比没有脱毒的高 26.6%~37.7%，叶面积前者比后者大 57.1%，茎粗 35.0%，这些为达到高产构建了很强的绿色体，是增产的物质基础。

（三）叶绿素增加，提高光合强度

马铃薯经过脱毒，不但植株生长旺盛，而且叶片中叶绿素的含量和光合强度也都明显得到了提高。例如，脱毒植株在初开花期、结薯期的叶绿素的含量均比未脱毒植株高，分别高 30.7%、33.3%，两个时期的光合强度分别提高了 14%、41.9%。试验显示，脱毒植株光合产物向块茎转运的比例是对照的 4.13 倍，其比例是最大的，其次是向地上部转运，转运最少的是根部。没有脱毒植株的情况与此相反，其光合产物运转到茎叶中的最高，转运到块茎中的很少。这是因为植物体内有病毒，这些病毒阻碍了植株的生理代谢。

（四）提高抗逆性

脱毒的植株水分代谢旺盛，较抗高温、干旱，病害也会明显减少。如果土壤中水分充足，温度适宜，光照量足够，那么叶片的蒸腾强度会比没有脱毒的植株高 32.9%。反之，如果土壤缺水，温度高，光照又强，蒸腾强度会比未脱毒植株低 11.9%。这就表明脱毒植株抗逆性较强，能够对自身进行适当的调节，以便更好地适应不同的环境。

（五）增产

和未脱毒植株比较，脱毒植株的增产效果十分明显。在相同的条件下，后者一般可比前者多产 30%~50%，有的时候产量可能会成倍增加。脱毒之前退化越是严重的品种，脱毒之后增产越多。

三、种薯脱毒基本原理

脱毒种薯是应用植物组织培养技术繁育马铃薯种苗，经逐代繁育增加种薯数量，生产出来的用于商品薯生产的种薯。

植物组织培养技术是利用细胞的全能性，应用无菌操作培养植物的离体器官、组织或细胞，使其在人工控制条件下生长和发育的技术。20 世纪 70 年代，美国为了解决马铃薯品种严重退化问题，根据马铃薯是无性繁殖生物的特点，采用茎尖组织培养技术，培育出马铃薯脱毒种薯，成功解决了马铃薯主打品种大西洋的退化问题，从此形成了真正意义上的马铃薯脱毒生产技术。

该技术的理论基础如下。

（一）茎尖组织生长速度快

马铃薯退化是由于无性繁殖导致病毒连年积累所致，而马铃薯幼苗茎尖组织细胞分裂速度快，生长锥（生长点）的生长速度远远超过病毒增殖速度，这种生长时间差形成了茎尖的无病毒区。切取茎尖（或根尖）可培育成不带毒或带毒很少的脱毒苗。

（二）茎尖组织细胞代谢旺盛

茎尖细胞代谢旺盛，在对合成核酸分子的前体竞争方面占据优势，病毒难以获得复制自己的原料。荷兰学者曾利用烟草病毒对烟草愈伤组织的侵染实验，证明细胞分裂与病毒复制之间存在竞争，在活跃的分生组织中，正常核蛋白合成占优势，病毒粒子得不到复制的营养而受到抑制。

（三）高浓度的生长素

茎尖分生组织内生长素浓度通常很高，可能影响病毒复制。

（四）培养基的成分

茎尖分生组织内或培养基内某些成分能抑制病毒增殖。所以利用茎尖组织（生长锥表皮下 0.2~0.5mm）培养可获得脱毒苗，由脱毒苗快速繁殖可获得脱毒种薯。

第二节　脱毒马铃薯种薯繁育条件

一、种薯健康

种薯健康是马铃薯种薯生产的核心，也是鉴别质量的唯一标准。所谓种薯健康是指块茎无碰伤、无破损、无冻烂、无病毒和病害感染、无生理病害等。关于健康标准，我国暂无统一规定，各省区根据当地的实际情况要求的内容和指标有些不同。种薯繁育所有栽培管理措施都要围绕生产健康种薯这一目标进行。

二、种薯产量与质量

种薯生产要追求较高的产量，但重要的是要追求更高的质量，质量是第一位的。为了保证质量，可以采取推迟播种、控制氮肥施用量、随时淘汰劣株、提早收获等一些影响产量的措施。虽然提高繁种产量，可以降低繁种成本，提高经济效益，但是一味追求高产而放松对质量的控制，种薯质量达不到标就会降级或作为商品薯，那么经济收入反而会减少。既要获得一定产量又要保证种薯质量，这就需要采用科学的栽培管理措施，以达到高产优质的目的。

三、种薯大小

种薯大小不仅直接影响产量，更主要的是与种薯质量有关。关于种薯的适宜大小问题，国内外有很多研究报告。前苏联资料显示，适于作种的最有利的块茎重量为 60~80g；日本资料显示，种薯从 10g、20g、40g 增至 60g、80g，产量有所增加，但除 20g 比 10g 增产 20% 外，其余增产并不显著；荷兰种薯大小级别分为直径 2.8~3.5cm、3.5~4.5cm、4.5~5.5cm，价格比为 10：7：5，以鼓励种薯繁育者生产幼健小种薯。因此，种薯生产的栽培管理原则是：在合理密度极限内争取最大限度的密植，保证单位面积上的足够株数，采取催芽晒种、整薯早播的方法，增加每穴的主茎数，提高单穴的结薯数量；同时还要适当深播，分层多次培土，增加每个主茎的结薯层和个数。

第三节 脱毒种薯繁育设施与设备

一、基本条件

（一）1~2 间工作室

用来调配试剂、制备培养基、消毒高压锅，还用来存放药品、器材和完成洗涤工作。室内应当配有试验台、工作台和存放药品、器材的架子、柜子以及箱子等，此外要具备水、电、供暖等设施。

（二）一间无菌室

在室内对脱毒苗进行切断和接种工作，以防被病菌侵染。室内应有一个紫外线灯、一个超净工作台，开关装在门外。最好用瓷砖或水磨石铺地，保证墙壁上无尘。如果没有紫外线灯，可使用来苏儿喷雾消毒灭菌，严防污染。

（三）一间培养室

用于繁殖培养试管苗。要求室内能控制光、温。在装着荧光灯的架子上放试管苗（三角灯）。可安装窗式空调来控制室温。可用黑色薄膜隔离营养架，以培养微型薯（试管薯），实现1室两用。

（四）一间贮藏室

主要存放器材、用品和药品。室内有贮藏架、柜即可。

（五）平方米的温室

用于移栽试管苗、繁殖扦插和生产原原种。可以用珍珠岩、草炭、蛭石等制成基质并铺在地面或放于箱盘中来杆插。切记要预防粉虱、蚜虫和螨的发生。

（六）1~2个防虫网棚

1个网棚通常有半亩地大小，根据需要可先制备1~2个网棚，使用40目网纱就能预防蚜虫。网棚中要设计缓冲门这是为了人进入后能除去身上的有翅蚜虫和脱换衣、鞋等的地方，以防将害虫带入棚内。

二、设施设备

（一）组织培养室

将工厂化大规模生产作为目的，组培室的规模不够，这样会影响生产，降低效率。因此当设计组织培养室时，要按植物组织培养的程序设计，不能颠倒某些环节，使日后工作混乱，降低工作效率。应当在绝对无菌的环境中进行植物组织培养，如此就要用到某些器材、设备和用具，另外还需要人工控制光照、温度、湿度等条件。

（二）大型连栋温室

马铃薯脱毒微型小薯的根本设施就是温室，主要有塑料大棚、单栋日光温室和大型连栋温室。其中大型连栋温室用来育苗有很多优点，如受光均匀、管理方便、便于调控环境、土地利用经济等，不过一次性投入不少，此外在夏季较热而冬春严寒的地区，还有夏季降温难、冬季升温花费大、难以清除积雪等问题。尤其在我国北方地区寒冷的冬季造成巨大能耗和成本，极大地限制了此种温室的应用。对此，要根据当地的气象条件、投资方的资金能力等条件建造符合当地特色的、具有优良的节能性能、环境可控力强的现代化大型连栋温室。

（三）单栋日光温室

若是北方寒冷地区，提倡使用大跨度（10~12m）的节能升温日光温室。最新研究出的北方型育苗日光温室如图 6-1 所示。

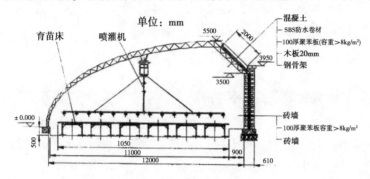

图 6-1　辽沈大跨度育苗日光温室剖面图

（四）塑料大棚

这是一种大型拱棚，上由塑料薄膜覆盖，有很多种结构和类型。与温室比较而言，有建造和拆装方便、结构简单、一次性投资少等优点；与中小棚相比，又有寿命长、坚固耐用、棚内空间大、方便调控环境、对作物生长有利和方便作业的优点。从 20 世纪 80 年代以来，我国有单位研制出了一批组装式管架大棚，虽然造价较高，但由于多数管棚用的是薄膜镀锌钢管，强度大、重量小、中间无柱、耐诱蚀、易安装，因此不管是采光性还是作业性，都较理想。目前，已应用于脱毒小薯繁育。

中国农业工程研究设计院研究设计出 GP 系列镀锌钢管装配式大棚，现已应用于全国各地。骨架由内外壁热浸镀锌钢管制成，有很强的抗腐蚀能力，可使用 10~15 年，抗风荷载 31~35kg/m²，抗雪荷载为 20~24kg/m²。具有代表性的 GP-Y8-1 型大棚高 3m，长 42m，跨度为 8m，面积为 336m^2；拱架由 1.25mm 薄壁镀锌钢管制成，纵向拉杆用的同样是薄壁镀锌钢管，通过卡具和拱架连接起来；用卡槽、蛇形钢丝弹簧将薄膜固定，还可外加压膜线，以辅助固定薄膜；该棚两侧还附有手动式卷膜器，取代了人工扒缝放风。

中国农业工程研究设计院为了使产品标准化、系列化、通用化，具有能适应不同地区的农艺条件和气候环境，还在 GP-Y8-1 型的基础上设计了 GP 系列产品。

第四节　脱毒马铃薯种薯繁育

一、马铃薯茎尖脱毒与快繁

茎尖组织培养产生马铃薯脱毒种薯技术是集组织培养技术、植物病毒检测技术、无土栽培生产脱毒微型薯技术和种薯繁育规程为一体的综合技术。

（一）茎尖组织培养脱毒的历史和现状

在植物体内，病毒随着寄主的输导组织传遍全身，但是，它的分布并不均一，这种不均一的现象很早就被人们发现。怀特（1943）用离体的方法成功地培养了被烟草花叶病毒（TMV）侵染的番茄根。他将培养产生的根切成小段，并对每一段进行病毒鉴定，发现在各个切段内病毒的含量并不一致，在近根尖的小段中，病毒的含量很低，在根尖部分，则没有发现病毒。利马塞特和科纽特（1949）发现在茎中也有同样的现象，越接近茎顶端，病毒的浓度越低。

植物病毒在体内分布不均一性促使人们进行一系列试验，企图利用无病毒组织产生无病毒植株。开始有人用嫁接或扦插的方法。在有些植物上，这种方法是有效的，产生的植株症状大为减轻或完全消失。但是对大多数病毒来讲，这种方法是不适用的，因为只有在茎的分生组织部分才维持无病毒，这样的部分一般来讲是很小的，仅在 0.5mm 以下，因此直接用这样小的组织作接穗或插枝是不大可能的，必须创造更有效的方法。

现在为大家所熟悉的植物组织培养方法，在当时已得到迅速的发展，解决了一系列培养上的困难，为离体培养茎尖无病毒组织的成功提供了可能。首先用这种方法获得成功的是法国人莫勒尔和他的同事们。他们用大丽花为材料，在1952年试验产生了无病毒植株。在1955年又以马铃薯为材料产生了无病毒植株。

莫勒尔等人的成功，引起了人们极大的兴趣，有人评价这是为治疗植物病毒病打开了一个新的途径。继法国之后，很多国家也开展了大量研究，试验的材料除马铃薯外，还有白薯、甘蔗、兰花、石竹、葡萄、草莓、菊花、花椰菜以及其他重要经济作物等30多种，很多植物都用于生产实际，成为植物组织培养解决生产问题的突出例子。植物组织培养产生无病毒原种是植物组织培养领域中的重要内容。

马铃薯茎尖培养是其中最成功的例子之一，现在，几乎所有生产马铃薯的主要国家，都在生产中使用这一技术，有人统计截至1975年，用这种技术产生无病毒马铃薯的品种已达150个左右，以前那些长期难以产生无病毒植株的品种，也很快获得了成功。

在我国，这方面的工作也已开展。最初，吉林农业大学、辽宁省农业科学院和黑龙江克山农科所进行了某些初步试验，取得了一定进展，从1974年开始，中国科学院植物研究所相继和黑龙江克山分院、内蒙古乌盟农业科学研究所以及中国科学院微生物研究所、遗传研究所、动物研究所、内蒙古大学等单位协作，开展了以马铃薯茎尖培养为中心的实用化研究，工作取得了很快进展。在两年多时间里，产生了几十个无病毒品种。

（二）脱毒苗培育的意义

1. 病毒的为害

病毒是指寄生在活细胞内的非细胞结构的生命体，又称为"病毒粒子"，电子显微镜下才能观察到其形态大小。据报道，目前全世界植物病毒已达 700 多种。大多数农作物，尤其是无性繁殖的作物都受到 1 种以上的病毒侵染。自然界中植物病毒侵染主要通过以下途径侵染和传播：一是介体（蚜虫等昆虫、螨、真菌、线虫等）造成的微伤；二是移苗、整枝、摘心、打枝、修剪、中耕除草等农事操作时的机械损伤；三是通过嫁接、菟丝子"桥接"等接触性传播。多数病毒不经种子传播，植物受到病毒侵染后，可经无性繁殖的营养器官传至下一代，马铃薯一般通过介体（主要是蚜虫）传播病毒。

植物感染病毒后表现为叶黄化、红化或形成花叶；植株矮化、丛生或畸形；形成枯斑或坏死；产量和品质下降；品种退化，生长势衰退，直至死亡，其发生流行给生产造成巨大损失，甚至是毁灭性的灾难。如马铃薯感染病毒后，表现出卷叶、花叶、束顶、矮化等复杂症状，减产幅度可达 40%~70%。

2. 培育脱毒苗的意义

由于病毒复制与植物代谢密切相关，而且有些病毒的抗逆性很强，所以，它与真菌和细菌不同，常规使用的化学药剂或抗生素不能从根本上有效防治，至今仍没有一种特效药物能够实现既能有效防治病毒病害，又不伤害植物。20 世纪 50 年代，人们发现通过组织培养途径可以除去植物体内病毒，六七十年代这项技术便在花卉、蔬菜和果树生产中得到广泛应用，现已称为彻底脱除植物体内病毒，培育脱毒苗木的根本途径。

所谓"脱毒苗"，又称"无病毒苗"，是指不含有该种植物的主要危害病毒，即经过检测主要病毒在植物体内的存在表现为阴性反应的苗木。因此，准确地说"脱毒苗"是"特定无病毒"，应称为"鉴定苗"。通过组织培养技术培育的脱毒苗具有以下优势：提高产量和品质；抗性增强。

脱毒马铃薯的植株表现为叶片平展、肥厚，叶色浓绿，茎秆粗壮，田间整齐一致，光合作用增强；产量高，增产40%~60%，有的甚至成倍增长（如黑龙江省早熟品种2.5万~3.5万kg/hm²；晚熟品种4万~5万kg/hm²）；薯大，薯形整齐、美观、芽眼少且浅，表皮光滑，薯块内部纯净，薯肉近于半透明；淀粉等营养物质含量显著提高；口感较好，有些品种伴有香味；相对耐贮。如果生育期间能有效防止晚疫病，冬季窖贮时则很少烂窖。

目前，通过组织培养手段培养脱毒苗已成为农作物、园艺植物、经济作物优良品种繁育、生产中的重要环节，世界不少国家十分重视这项工作，把脱除病毒纳入常规良种繁殖的一个重要程序，建立了大规模的无病毒苗生产基地，为生产提供无病毒优良种苗，在生产上发挥了重要作用，取得了显著的经济效益。

（三）茎尖组织培养脱毒的概念

利用植物组织培养方法，将植物顶端分生组织及其下方的1~3个幼叶原基即茎尖取下，在无菌条件下，放置在人工配制的培养基上，给予一定的条件（温度、光照、湿度等），让其形成完整植株后，并结合血清病毒检测技术，在防蚜传毒条件下，将影响植物正常生长的植物病毒脱除的高新农业生物技术。

（四）茎尖组织培养脱毒的原理

马铃薯的无性繁殖方式决定了马铃薯病毒可通过马铃薯块茎代代相传并积累，从而导致种薯退化。被感染病毒的植株体内病毒的分布并不均匀，病毒的数量随植株的年龄与部位而有所差异，即老叶及成熟的组织或器官中病毒含量较高，幼嫩及未成熟的组织和器官中病毒含量较低，而生长点由于输导组织尚未形成而几乎不含病毒。1943年White发现受烟草花叶病毒（TMV）侵染的番茄根尖不同部位，病毒的浓度不同，离尖端越远病毒浓度越高。Morle 等（1952）根据病毒在寄主植物体内分布不均匀的特点，建立了茎尖培养脱毒方法，培育出马铃薯脱毒种薯。该技术的理论基础如下。

1. 茎尖组织生长速度快

马铃薯退化是由于无性繁殖导致病毒连年积累所致，而马铃薯幼苗茎尖组织细胞分裂速度快，生长锥（生长点）的生长速度快，而病毒在植物体细胞内繁殖速度相对较慢，即马铃薯茎尖分生组织和生长锥的分裂速度和生长速度远远超过了病毒的增殖速度，这种生长时间差形成了茎尖的无病毒区。所以可以采用小茎尖的离体培养脱除病毒。

2. 传导抑制

茎尖、根尖分生组织不含病毒粒子或病毒粒子浓度很低，这是因为病毒在寄主植物体内随维管系统（筛管）转移，在根尖与茎尖分生组织中没有维管系统，病毒运动困难。曾普遍认为在分生组织细胞与细胞之间，病毒也可通过胞间连丝扩散转移，但是茎尖分生组织细胞的生长速度远远超过病毒在胞间连丝之间的转移速度。王毅（1995）、朱玉贤等（1997）总结国内外近年对胞间连丝的研究指出，胞间连丝微通道口最大直径是 $0.8 \sim 1nm$，允许通过物质的最大分子量是 $1kU$，而病毒粒子直径为 $10 \sim 80nm$，不能靠简单扩散通过胞间连丝。已发现一些病毒可产生运动蛋白改变胞间连丝结构，协助病毒在植物细胞间转移。但是病毒在寄主茎（根）尖的生长速度慢，导致顶端分生组织附近病毒浓度低，甚至不带病毒。通过茎尖或根尖离体培养便可获得无病毒再生植株，从而形成了真正意义的马铃薯分生组织脱毒生产技术。即病毒在植物体内的传播主要是通过维管束实现的，但在分生组织中，维管组织还不健全或没有，从而抑制了病毒向分生组织的传导。

3. 能量竞争

病毒核酸和植物细胞分裂时 DNA 的合成需要消耗大量的能

量,而分生组织细胞代谢旺盛,在对合成核酸分子的前体竞争方面占优势,即DNA合成是自我提供能量自我复制,而病毒核酸的合成要靠植物提供能量来复制,因而病毒难以获得复制自己的原料及足够的能量,竞争抑制了病毒核酸的复制。

4. 激素抑制

在茎尖分生组织中,生长素和细胞分裂素水平平均很高,从而阻滞了病毒的侵入或者抑制病毒的合成。

5. 酶缺乏

可能病毒的合成需要的酶系统在分生组织中缺乏或还没建立,因而病毒无法在分生组织中复制。

6. 抑制因子

1976年,Martin-Tanguy等提出了抑制因子假说,认为在分生组织内或培养基中某些成分存在某种抑制因子,这些抑制因子在分生组织中比在任何区域具有更高的活性,从而抑制了病毒的增殖。所以利用茎尖组织(生长锥表皮下0.2~0.5mm)培养可获得脱毒苗,由脱毒苗快速繁殖可获得脱毒种薯。

(五)茎尖组织培养脱毒技术

根据病毒在马铃薯植株组织中分布的不均匀性,即靠近新组织的部位,如根尖和茎顶端生长点、新生芽的生长锥等处,没有病毒或病毒很少的实际情况,在无菌的特别环境和设备下,切取很小的茎尖组织放置在特定的培养基上,经过培养使之长成幼苗。

1. 脱毒材料选择

茎尖组织的培养目的是脱掉病毒。而脱毒效果与材料的选择关系很大。马铃薯品种发生病毒性退化,植株间感染病毒轻重、有无,往往差别很大,感病毒重的常常是病毒复合侵染,如有的被X病毒和Y病毒侵染或3~4种病毒侵染。感病轻的可能被1种病毒感染,还有接近于健康的植株。所以在选择脱毒材料时，除应选取具有该品种典型性状的植株外，还要选取植株中病症最轻的或健康的植株。

选取的这些植株做茎尖培养时，可直接切取植株上的分枝或腋芽进行茎尖剥离培养，也可取这些植株的块茎，待块茎发芽后剥去芽的生长点（生长锥）进行培养。不论取材健康程度如何，都应在取用前进行纺锤块茎类病毒（PSTV）及各种病毒检测，以便决定取舍及对病毒的全面掌握。在病毒检测时有的品种在种植过程中因感病毒机会少或种植时间短，可能有的植株无病毒，仍保持健康状态，经检测后确定不病毒，即可作无病毒株系扩大繁殖，免去脱毒之劳。

2. 病毒检测

病毒检测分茎尖培养前检测及培养成苗后检测。

茎尖培养前检测。目前生产上推广的品种，或多或少有被马铃薯纺锤块茎类病毒侵染的可能。作为茎尖培养的材料，首先用聚丙烯酰胺凝胶电泳法对纺锤块茎类病毒进行检测，发现有这类病毒存在，应坚决淘汰。因为茎尖脱毒一般不能脱去该种病毒。只有在无纺锤块茎类病毒时，再进行其他病毒检测。可用血清学法、电镜法、指示植物法等方法，检测材料带病毒种类，进行编号登记，培养成苗后再进行检测。

3. 茎尖组织培养

（1）取材和消毒。剥取茎尖可用植株分枝或腋芽，但大多采用块茎上发出的嫩芽，因为植株的腋芽不易彻底消毒，容易污染。

第一种方法：剪取顶芽梢段（也可用侧芽）3~5cm，剥去大叶片，用自来水冲洗干净，在75%酒精中浸泡30s左右，用0.1%HgCl$_2$消毒10min左右［或用1%~5%NaClO或5%~7%的Ca（ClO）$_2$溶液消毒10~20min）］，最后用无菌水冲洗材料4~5次。

第二种方法：块茎上的幼芽长到3~4cm、幼叶未展开时切取幼芽（不可用老芽，因老芽易分化成花芽）若干。先对芽段进行消毒，可把芽段放在烧杯中用纱布将口封住，放在流水中冲洗 30min 以上，然后用 95% 酒精漂洗 30s，放在 5% 的 NaClO 溶液中浸泡 20min，再用无菌水冲洗 3~4 次。也可用多种药剂进行交替灭菌，然后拿到无菌室的超净工作台上开始剥取茎尖，进行茎尖组织剥离和接种。

（2）茎尖剥取和接种。在无菌室的超净工作台上将消毒过的材料置于 30~40 倍的双筒解剖镜下，一只手用镊子将材料固定于视野中，另一只手用解剖刀一层一层剥去芽顶的嫩叶片，待露出 1~2 个叶原基和生长锥后，用解剖刀把带 1~2 个叶原基的生长锥（图 6-2）0.2~0.3mm 切下并立即接种在试管内培养基上（顶部向上）。每管接种 1~2 个茎尖，并在试管上编号，以便成苗后检查。还有一种方法是把经过消毒的薯芽，直接插入培养基中，生根长成苗后，再做剥离，成活率高，效果好。

图 6-2　马铃薯茎尖照片（带两个叶原基）

剥离茎尖、接种使用的解剖针和刀具等都要严格消毒，最好有 2 个解剖针和 2 个刀具。将 2 个用具均放在有 70% 酒精中，使用时取出1个，剥完1个茎尖把针和刀具在酒精灯上灼烧，放入酒精中，再剥时用另1个针和刀；轮流使用，严格消毒，防止杂菌交叉污染。

接种时确保微茎尖不与其他物体接触，只用解剖针接种即可。剥离茎尖时，应尽快接种，茎尖暴露的时间应当越短越好，以防茎尖变干。可在一个衬有无菌水湿润滤纸的灭过菌的培养皿内进行操作，有助于防止茎尖变干，并注意随时更换滤纸，剥取茎尖时切勿损伤生长点。

剥取茎尖需在无菌室内超净工作台上进行。为了防止杂菌污染，应对无菌室消毒。一般用5%的石碳酸水溶液全面喷雾，并用紫外灯照射30min以上。关闭紫外灯。超净工作台应事先打开，30min后工作。工作人员进入无菌室后，应用70%的酒精棉擦拭手和工作台上的各种用具，然后开始工作。

（3）茎尖培养。植物组织培养能否成功，关键是能否找到合适的培养基，培养基的成分大体由三部分组成，一是大量元素，二是微量元素，三是有机成分，由这三类成分组成的培养基，为基本培养基，对于大多数组织来说，单有基本培养基还不行，还须加植物生长调节物质。生长调节物质常用生长素、细胞分裂素和赤霉素。琼脂不是营养成分，它只起固定凝固作用。并用0.1mol/L的NaOH或0.1mol/L的HCl调节pH值为5.6~5.8。根据需要做成固体培养基或液体培养基（不加琼脂），分装在试管中或三角瓶、罐头瓶等中，高压灭菌后放在无菌室内备用（培养基放置的时间不宜过长，常温下不超过3天为好）。

将接种好的茎尖置于25℃左右的温度下。每天以16h 2 000~3 000 lx的光照条件下进行培养。由于在低温和短日照下，茎尖有可能进入休眠；所以较高的温度和充足的日照时间必须保证。经30~40天，成活的茎尖，颜色发绿，茎明显伸长，叶原基长成小叶。然后在无菌条件下将其转接到生根培养基中进行培养，经过3~4个月长成有根系的带3~4个叶片的小单株，称"茎尖苗"。再进行切段扩繁一次，取部分苗进行病毒检测。但是，比较小的茎尖（0.1~0.2mm）则需3~4个月，有的甚至更长时间才发生绿芽。其间应更换新鲜培养基。提高培养基中BA的浓度，可形成大量丛生芽。

4. 病毒检测

病毒在马铃薯体内在很小的分生组织部分才不存在，但实际切取时，茎尖往往过大，可能带有病毒，因此必须经过鉴定，才能确定病毒是否脱除。以单株为系进行扩繁，苗数达150~200株时，随机抽取3~4个样本，每个样本为10~15株，进行病毒检测。常用的病毒检测方法有指示植物检测法、抗血清法即酶联免疫吸附法（ELISA）、免疫吸附电子显微镜检测和现代分子生物学技术检测等方法。通过鉴定把带有病毒的植株淘汰掉，不带病毒的植株转入基础苗的扩繁，供生产脱毒微型薯使用。茎尖分生组织脱毒的具体过程如图6-3所示。

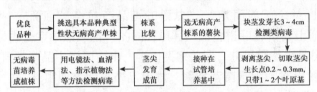

图6-3　马铃薯茎尖分生组织培养脱毒程序

5. 切段快繁

在无菌条件下，将经过病毒检测的无毒茎尖苗按单节切断，每节带1~2个叶片，将切段接种于培养容器的培养基上，置于培养室内进行培养。培养温度23~27℃，光照强度2 000~3 000 lx，光照时间16h，2~3天内，切段就能从叶腋处长出新芽和根。切段快繁的速度很快，当培养条件适宜时，一般30天可切繁一次，1株苗可切7~8段，即增加7~8倍。

6. 微型薯生产

在适宜的条件下，3个月左右即能产生具有3~4片叶的小植株，可以移入土壤中，移栽时必须注意土壤湿度不应太大，而应保持较高的空气湿度，因为小植株从异养状态变为完全自养有一适应阶段，否则会因根系和叶片发育不好，往往使移栽不易成活。

（1）网室脱毒苗无土扦插生产微型薯。微型薯的生产一般采用无土栽培的形式在防蚜温室、防蚜网室中进行，选用的防蚜网纱要在40目以上才能达到防蚜效果。目前多数采用基质栽培，也有采用喷雾栽培、营养液栽培的形式生产微型薯的，但并不普遍。

在基质栽培中，适宜移栽脱毒苗的基质要疏松，通气良好，一般用草炭、蛭石、泥炭土；珍珠岩、森林土、无菌细砂作生产微型薯的基质，并在高温消毒后使用。实际生产中，大规模使用蛭石最安全，运输强度小，易操作也能再次利用，因而得到广泛应用。为了补充基质中的养分，在制备时可掺入必要的营养元素，如三元复合肥等，必要时还可喷施磷酸二氢钾，以及铁、镁、硼等元素。

试管苗移栽时，应将根部带的培养基洗掉，以防霉菌寄生危害。基础苗扦插密度较高，生产苗的扦插密度较低，一般每平方米在400~800株范围内较合适。扦插后将苗轻压并用水浇透，然后盖塑料薄膜保湿，一周后扦插苗生根后，撤膜进行管理。棚内温度不超过25℃。扦插成活的脱毒苗可作为下一次切段扦插的基础苗，从而扩大繁殖倍数，降低成本。

（2）通过诱导试管薯生产微型薯。在二季作地区，夏季高温高湿时期，温（网）室的温度常在30℃以上，不适宜用试管脱毒苗扦插繁殖微型薯，但可以由快速繁育脱毒试管苗方法获得健壮植株，在无菌条件下转入诱导培养基或者在原培养容器中加入一定量的诱导培养基，置于有利于结薯的低温（18~20℃）、黑暗或短光照条件下培养，半个月后，即可在植株上陆续形成小块茎，一个月即可收获。试管薯虽小，但可以取代脱毒苗的移栽。这样就可以把脱毒苗培育和试管薯生产在二季作地区结合起来，一年四季不断生产脱毒苗和试管薯，对于加速脱毒薯生产非常有利。

在试验中，获得的马铃薯脱毒试管薯，其重量一般在60~90mg，外观与绿豆或黄豆一样大小，可周年进行繁殖，与脱毒试管苗相比，更易于运输和种植成活。但是用试管诱导方法生产脱毒微型薯的设备条件要求较高，技术要求较复杂，生产成本较高，因此我们一般则以无土栽培技术为主进行。

（六）影响茎尖脱毒效果的因素

能否通过茎尖培养产生无病毒植株主要取决于两个方面。首先，离体茎尖能否成活；其次，成活的茎尖是否带有病毒。即影响茎尖脱毒效果的因素主要由茎尖成苗率和脱毒率2个因素所决定。影响茎尖成活的因子很多，主要有以下几方面的因素。

1. 茎尖大小和芽的选择

剥离的茎尖大小是影响脱毒率和成苗率的一个关键因子。用于脱毒的茎尖外植体可以是顶端分生组织即生长点，最大直径0.1mm；也可以是带1~2个叶原基的茎尖（shoot tip）。

茎尖外植体的大小与脱毒效果成反比，即外植体越大，产生再生植株的机会也越多，但是清除病毒的效果越差；外植体越小，清除病毒效果愈好，但再生植株的形成较难，有些研究者做了这方面的试验，结果如表6-1所示。尤其是X和S病毒，切取的茎尖越小，脱毒率越高，上述2种病毒靠近生长点，比较难脱除。起始培养的茎尖大小不带叶原基的生长点培养脱毒效果最好，带1~2个叶原基可获得40%脱毒苗。但是不带叶原基的过小外植体离体培养存活困难，生长缓慢，操作难度大。因为茎尖分生组织不能合成自身所需的生长素，而分生组织以下的1~2个幼叶原基可合成并供给分生组织所需的生长素、细胞分裂素，因而带叶原基的茎尖生长较快，成苗率高。但茎尖外植体越大，脱毒效果越差，含有2个叶原基以上的茎尖脱毒率低。通常以带 1~2 个幼叶原基的茎尖（0.2~0.3mm）作外植体比较合适。总之，切取的茎尖在 0.1~0.3mm 范围内，含有 1~2 个叶原基的脱毒效果最好。关于马铃薯茎尖脱毒工作的大量资料表明，较易脱去的马铃薯病毒是卷叶病毒，较难脱掉的是 S 病毒。马铃薯脱毒适宜的茎尖大小如表 6-2 所示。在芽的选择上顶芽比腋芽好，而且成活率也高。

表 6-1　离体茎尖大小对马铃薯病毒脱除的影响

茎尖长度（mm）	叶原基数	发育小植株数	去除马铃薯 X 病毒的植株数
0.12	1	50	24
0.27	2	42	18
0.6	4	64	0

表 6-2　用于脱毒的马铃薯适宜茎尖大小

植物	病毒	茎尖大小（mm）	品种数
	马铃薯 Y 病毒	1.0~3.0	1
	马铃薯 PLRV 病毒	1.0~3.0	3
马铃薯	马铃薯 X 病毒	0.2~0.5	7
	马铃薯 G 病毒	0.2~0.3	1
	马铃薯 S 病毒	0.2 以下	5

2. 外植体的生理因素

从总的脱毒情况和植株形成的效果看，顶芽的脱毒效果比侧芽好，生长旺盛的芽比休眠芽或快进入休眠的芽好。据河北坝上农业科学研究所韩舜宗等研究，选取块茎脐部萌发芽的生长点离体培养，其成苗率和脱毒率比来自其他部位的要高。乌盟农业科学院研究所宫国璞的研究表明，块茎顶部的粗壮芽和植株主茎的生长点培养脱毒的效果较其他部位好。对于室内马铃薯枝条，为了增加无病毒植株的繁殖量，侧芽也可采用，因为每个枝条只有一个顶芽，而侧芽有好几个。

取芽时期也会影响培养效果，对于春播马铃薯，在春季和初夏采集的茎尖培养效果比从较晚季节采集的要好；对于秋播马铃薯品种也表现为在生殖阶段采集的茎尖好于在营养生长阶段的茎尖。

3. 病毒种类

不同种类的病毒去除的难易程度也不同，奎克发现，由只带一个叶原基的茎尖所产生的植株，全部除去了马铃薯卷叶病毒，而其中有 80%植株除去了马铃薯 A 病毒和 Y 病毒，从茎尖获得的 500 株植株中，只有一株除去了马铃薯 X 病毒。这种现象和病毒在茎尖附近的分布有关。

茎尖组织培养脱毒的难易程度有很大差别，多数研究者的试验结果表明，脱除病毒的难易程度顺序依次为 PSTV、PVS、PVX、PVM、PAMV、PVY、PVA 和 PVRV，排列越前的脱毒越难，其中 PSTV 最难脱除，PVX 和 PVY 较难脱除。但以上的顺序并非绝对，如结合热处理，可显著提高 PVX 和 PVS 的脱毒率。

由多种病毒复合感染后，脱毒更困难。Pennazio（1971）发现，用热处理的茎尖苗，其中一种仅感染了 PVX，42 株小苗中有 34 株脱除了病毒。而另一个材料同时感染了 PVX、PVM、PVS 和 PVY，34 株小苗全部脱除了 PVY，大部分脱除了 PVM 和 PVS，但只有两株脱除了 PVX。他认为这个材料脱除了 PVX 之所以困难，是由于 4 种病毒复合感染的原因。即当 PVX 单独存在时，茎尖组织培养产生无 PVX 脱毒率远远高于 PVX 与其他病毒复合侵染的茎尖脱毒率。

4. 物理方法

利用一些物理因素如 X 射线、紫外线、高温和低温等处理种薯使病毒钝化，可以达到脱除病毒，获得脱毒种薯的目的。其中以热处理钝化病毒的方法较多，用高温处理患病毒的马铃薯植株或块茎幼芽后，再进行茎尖培养，则脱毒率比较高。在高于正常温度且植物组织很少受到伤害的条件下，植物组织中的许多病毒可被部分或全部钝化，使病毒不能繁殖。热处理可以脱除那些单靠组织培养难以消除的病毒，如卷叶病毒经过热处理后，即使是较大的茎尖组织也有可能脱去病毒。1949 年克莎尼斯用 37.5℃高温处理患卷叶病毒的块茎 25 天，种植后没有出现患卷叶病的植株。山西省农业科学院高寒作物所 1981 年用 371 高温处理 S_{3012} 口系的块茎，处理 20 天全部植株未出现卷叶病症状，而处理 15 天卷叶病株为 19%，未处理的卷叶病株为 100%。因为高温处理能钝化（失活）卷叶病毒。1973 年麦克多纳在茎尖培养前，对发芽块茎采取 32~35℃的高温处理 32 天，脱去了 X 病毒和 S 病毒。1978 年潘纳齐奥报道，将患有 X 病毒的马铃薯植株于 30℃下处理 28 天，脱毒率 41.7%，处理 41 天脱毒率为 72.9%，未处理的为 18.8%，证明高温处理患 X 病毒的植株时间越长，脱毒率越高。

高温处理的优点是操作简单，短时间内能处理大批种薯；缺点是对大多数病毒不能根除，有很大的局限性，而且有时脱毒效果不理想。

茎尖经冷热不同的处理后可提高脱毒的效果。李凤云的研究结果表明，6~8℃低温和 37℃热空气预处理有利于脱除类病毒、PVX 和 PVS 等难脱除的病毒，在不影响成苗率的情况下提高了脱毒率。此外，脱毒前茎尖结合化学方法（如赤霉素或次氯酸钠浸种）或光照等预处理效果会更佳。

5. 药剂处理

药剂可以抑制病毒繁殖，有助于提高茎尖脱毒率。嘌呤和嘧啶的一些衍生物如 2-硫脲嘧啶和 8-氮鸟嘌呤等能和病毒粒子结合，使一些病毒不能复制。用孔雀石绿、2，4-D 和硫脲嘧啶等加入培养基中进行茎尖培养时可除去病毒。1951 年汤姆生在培养基中加入 4mg/kg 的孔雀石绿，脱掉了马铃薯 Y 病毒。1961 年欧希玛等用 2~15mg/kg 的孔雀石绿加入培养基中培养马铃薯茎尖，除去了 X 病毒。1961 年卡克用 0.1mg/kg 的 2，4-D 加入培养基中，培养茎尖时，得到了无 X 病毒和 S 病毒的植株。1982 年克林等报道，在培养基中加 10mg/L 病毒唑培养马铃薯茎尖时，去掉了 80% X 病毒。1985 年瓦姆布古等用不同浓度的病毒唑处理 3~4mm 马铃薯茎尖（腋芽）20 周，除去了 Y 病毒和 S 病毒，其中用 20mg/L 病毒唑加入培养基中，可脱掉 Y 病毒 85%，脱去 S 病毒 90% 以上。

6. 培养基成分和培养条件

培养基的成分对茎尖培养的成苗率有较大的影响，而且有时起着关键作用。对茎尖起作用的培养基因子主要有营养成分、生长调节物质和物理状态等。

Stace-Smith 和 Mellor（1986）比较了几种培养基的效果。结果表明，MS 基本培养基在成苗率和脱毒率上都是最好的，因为马铃薯茎尖培养需要较多的 NO_3^- 和 NH_4^+ 营养。适当提高钾盐和铵盐离子的浓度对茎尖生长和发育有重要作用，可提高脱毒成功率。附加成分，尤其是植物生长调节物质对茎尖的生长和发育有重要的作用，一定浓度和时间的外源激素处理可用来控制茎尖成活、苗的分化和调节生长，使试管苗的根茎增粗和叶片增大等，但浓度过高或使用时间过长会产生不利影响。当然，不同品种对激素的反应会有所不同，使用的激素种类和浓度不能一概而论。此外，在培养过程中，应根据不同的马铃薯茎尖组织生长发育类型，改变生长调节剂的浓度及处理时间，结合适宜的培养条件才能提高茎尖成活率。目前用得较多的激素主要有 2，4-D、6-BA、NAA、KT、GA、CCC、Pix、PP33、B9、IAA、ZT 和 S3307。

Morel（1964）的试验表明，在培养基中添加一定量 GA，能促进茎尖生长。加入 GA_3 后生长加快，但当长到 4~5mm 后生长便停止了，除非有高浓度的钾和铵。少量的细胞分裂素有利于茎尖成活，常用的细胞分裂素类物质为 6-BA，浓度为 0.5mg/L 左右。常用的生长素类为 NAA，可促进根的形成，浓度范围为 0.1~1.0mg/L。由于不同的品种对生长调节剂的反应不一样，所以应结合培养条件进行具体的操作。

（七）茎尖组织培养脱毒的注意事项

（1）剥取的茎接种后生长锥不生长或生长点变褐色死亡。这是因为剥离茎尖时生长点受伤，接种后不能恢复活性而死亡。所以剥离茎尖一定要细心，解剖针尖不能伤及生长点。

（2）在培养过程中，茎尖生长非常缓慢，不见明显增大，但颜色逐渐变绿，最后形成绿色小点。这主要是 NAA 浓度不够或温度过低，或培养湿度低所造成，所以应转入 NAA 的量加大至 0.5mg/L 以上的培养基上培养，并把培养室的温度提高至 25℃ 左右，以促进茎尖生长。

（3）生长锥生长基本正常。在正常的情况下，接种茎尖颜色逐渐变绿，基部逐渐增大，有时形成少量愈伤组织，茎尖逐渐伸长，大约 30 天，即可看到明显伸长的小茎，叶原基形成可见的小叶，这是因为各因子都很合适，这时可转入无生长激素的基本培养基中，并将室温降到 18~20℃，茎尖继续伸长，并能形成根系，最后发育成完整小植株。

（4）茎尖太大，脱毒效果不好，茎尖太小，成活率降低。茎尖越小，形成愈伤组织的可能性越大，分化成苗的时间越长，一般要经过 4~5 个月。切取的茎尖 0.2~0.3mm 长时，分化成苗的时间大约 3 个月，但因品种不同而有很大的差别，有的需经过 7~8 个月成苗。更应该注意的是，形成愈伤组织后分化出的苗，常常会发生遗传变异。这种茎尖苗应通过品种典型比较，证明在没有变异时才能按原品种应用。

二、微型薯的脱毒繁育

（一）脱毒微型薯的常规繁育

微型薯又称为试管薯，是直接由试管苗长出的"气生"薯（即直接从叶腋中长出的小块茎）。在无菌设备以及一定的培养条件下，试管薯可以周年生产，还不用考虑病毒侵染问题。微型薯的优点是既方便种质资源的保存与交流，又能当作繁殖原原种的基础材料，收入良种繁育系统；其缺点是薯块个头太小，要在网棚中扩繁一次，无法直接进行大田生产。

1. 生产微型薯必要的条件

（1）黑暗培养室。培养室的大小可以依据试管薯的生产量和生产单位来进一步确定。例如，20m³ 的黑暗培养室里应有换气扇、空调、培养瓶摆放架，房顶要有照明用日光灯、消毒杀菌用紫外灯以及检查时要用到的绿色安全等设施。

（2）低温贮藏室。可在 200t 的贮藏窖里选一个 8m³ 的小窖来贮藏试管薯，将贮藏架放于窖内，用塑料保鲜盒存放试管薯，为了方便取试管薯，给每个保鲜盒、试管架都分别编号。

2. 微型薯生产的主要技术要点

（1）母株培养。为了诱导结薯时方便地更换培养基，用液体培养基培养，常用的培养基是 MS 液体+0.5% 的活性炭。以下是具体操作。

①装瓶。分别在干净的三角瓶（小型果酱瓶也可）里放入配好的培养基，每瓶 6~8ml，然后用封口膜进行封口，并放到消毒室等待消毒。

②高压消毒。在高压灭菌锅里放入三角瓶，在 120~124℃ 温度下加热 20min，停止加热 20~30min 后取出三角瓶，冷却备用。

③剪切试管苗。将试管苗的基部、顶芽在无菌环境中（超净工作台）剪掉，剪成有 4~6 个节或叶片的茎段，放在消完毒待用的三角瓶中，每瓶放 5~6 个茎段，仍用封口膜封口。可以将剪掉的顶芽接入另一三角瓶中进行培养，每瓶放 5~6 个顶芽，这对瓶内苗的同步生长有利，然后将苗瓶拿到组培室培养。由于采用浅层液体静止培养，因此接种时要细心接放试管苗茎段，为防止培养液浸没茎段而使其窒息死亡，要小心操作，尽量不要有强烈运动。

④苗瓶管理。放苗瓶的组培室的要求是湿度 75%~80%，日

温 22~25 夜温 1 天光照不少于 16h，光照强度为 2 000~3 000 lx。一旦发现有瓶子被污染，须马上移出培养室。25~30 天后每个茎段的叶腋处长出的小苗有 4~6 片叶时，就会成为一株茎秆壮实、根部发达、叶色鲜艳的壮苗，这就是母株，此时便可以开始诱导结薯。

（2）诱导微型薯。如果生产试管薯的条件完备，一年四季都能进行。不过在二季作地区，夏季高温高湿时期温室或网室里的温度基本高于 30℃，此时栽移或扦插试管苗都是不合适的。不过可以将试管苗的培养转入生产微型薯，就是在室内利用试管苗进行短光照暗培养处理，调整完培养基就可以对试管薯进行诱导。虽然试管薯非常小，但是能代替试管苗栽培，另外生产出的是和试管苗质量相当的无病毒薯块。这样在二季作地区就能将试管苗培养和试管薯生产结合在一起，轮流进行。一整年连续地生产试管薯、试管苗，十分有助于加速无毒种薯的生产。

国际马铃薯中心诱导拭管薯的经验显示，开始依然用 MS 培养基生产脱毒苗，然后分两步诱导微型薯。

首先，培育健康的试管苗。越是粗壮的试管苗，结出的试管薯越大。在绝对遮光条件下生长的暗培养植株无法进行光合作用，而是将试管苗本身贮存的养分转为小块茎。培养壮苗时切除脱毒苗的基部和顶部，在液体培养基中培养长到 3~4 节的茎段。液体培养基的成分为 MS、6-BA 0.5mg/L、赤霉素 0.4mg/L、2.5% 蔗糖，或者是 MS、6-BA 1mg/L、0.15% 活性炭、萘乙酸 0.1mg/L 以及 3% 蔗糖，这两种配方都不要加琼脂，在三角瓶里进行浅层液体静止培养。培养室温度在 20~25℃，每天光照 16h，光照度要高于 2 000 lx。3 天后茎段就能长出腋芽，约过 4 周，瓶里会长满小苗，这时就能进行暗培养。

其次，可在生长箱中诱导试管薯的暗培养，也可在有空调的暗室或用黑膜特制的隔离间进行。暗培养使用的培养基的成分为：MS、6-BA 5mg/L、矮壮素 500mg/L 和 8% 蔗糖，或者再加入 0.5%活性炭。氢离子浓度是 1 585 nmol/L（pH 值为 5.8）。

为避免受到污染，暗培养过程中更换培养基要在无菌室进行，倒掉原液培养基，将诱导培养基倒进去。封口后放入暗培养室中培养。保证暗培养室的温度在 18~20℃，通常培养 5 天就会出现试管薯。过 8 周就可以收获。将 4~5 个茎段放在 250ml 的三角瓶里，每瓶可生产 30~60 个微型薯。微型薯由腋芽形成，结薯的数量、薯块的大小、苗的健壮程度与品种相关。通常微型薯的直径为 5~6mm，大者 7~8mm，小者 3mm；每块重 60~90mg，小者 40~50mg，大者超过 50mg。早熟品种的微型薯休眠时间比大田生产的块茎多 30~45 天。国际马铃薯中心报道称，将收获的微型薯贮存在环境中，全黑暗培养的薯块的平均自然休眠期约为 210 天，而经 8h 光照处理的微型薯的平均自然休眠期是 60 天，不同品种差异很大。

（3）收获微型薯。在收获试管薯时应该用自来水洗 3~5 次直到黏在试管薯上的培养基完全干净，将洗净的试管薯置于散射光条件下，干燥后再贮藏。在操作时要轻拿轻放，以防止撞伤薯皮。由于试管薯的诱导培养基含很多糖，试管薯收获之后脱离了无菌环境，细菌、真菌很容易侵染，而洗净黏在试管薯上的培养基，可以减少感染，防止试管薯发生烂薯现象。

（4）贮藏微型薯。将保鲜盒编上号码并放入干燥的试管里，然后放到窖里面的贮藏架上，保持窖内温度 3~4℃。如果生产的试管薯量不多，也可以保存在冰箱的冷藏室内，这样能保证贮藏的温度。

3. 马铃薯微型薯栽培技术

通过诱导试管苗叶腋而生成的小块茎就是试管薯，直径通常为 2~10mm，重约 0.5g。试管薯有大种薯的生长特性，可以发育成健壮的植株。试管薯在繁殖期间杜绝了外来病菌的再次侵染，使脱毒种薯的种性得到提高，增产潜力很大，所以实用价值非常大。试管薯体积小、营养少，有严格的生长发育的环境条件，应当提前培育壮苗，精细整地，保证墒情，进行科学管理，这是栽培试管薯的关键。

（1）整地施肥。

合理施肥，精细整地。在整地的时候要进行深耕，使土壤变疏松，1 亩地施 5 000~6 000 kg 的农家肥、50kg 磷酸二铵、50kg 硫酸钾和 500g 防治地下害虫的辛硫磷，耱细耙平。

（2）薯床培育壮苗。

①催芽。试管薯有较长的休眠期，为保证出苗整齐，应在育苗前 40 天从贮藏室将试管薯取出，用 0.5~1mg/L 的赤霉素浸种，10min 后捞出晾干，放在 18~20℃环境中催芽，当小芽长到 2~7cm，已形成根原基、叶原基和匍匐茎原基时开始育苗，此种试管薯出苗快、根系发达、生长健壮。

②育苗。在合适的气温下于网室里进行育苗，按比例把草土灰、泥炭土、蛭石、硫酸钾、硝酸磷和适量多菌灵混合，制成营养基质，放进苗盘（60cm×24cm×6cm）里，保持 5cm 的厚度，水要浇透，水渗进去后，将试管薯以 2.4cm×6cm 的行距摆于苗盘里，盖厚度为 1cm 的营养基质，轻浇水，建小拱棚，上覆膜，确保苗床内高温高湿，以尽可能使苗出全。

③苗期管理。播种之后，白天将苗床温度控制在 25~28℃，晚上在 15~18℃，超过 80%试管薯出苗后，白天开始通风，先从背风一侧的苗床中央通小风，然后逐渐过渡到在两侧通大风。为了培育壮苗，要少浇水、轻浇水，见干见湿地浇，在苗高 5~6cm，有 4~5 个叶片时准备定植。定植前 3~4 天揭掉薄膜炼苗，以便其植后可以适应网室环境，快速生长。

（3）网室移栽定植。

①移栽定植。通常在晚霜后的 5 月中下旬，地温有 6~8℃就能移栽定植。将尼龙纱网铺在整平的土地上，在纱网上铺厚为 7~8cm 的营养基质，将水浇透，定植行距为 20~25cm，株距为 10~15cm，将苗压实、轻度浇水，因为蛭石有较大的孔隙，水蒸发得快，因此在苗还没有成活的时候，晴天 10 时 30 分至 15 时应挂遮阳网，以降温保湿，提高移栽成活率。

②管理。苗刚成活的时候很弱小，应当细心护理，调节温湿度，定时清除杂草，促进其生长发育，苗不断长高后，要分次培土（蛭石），每次培土埋 1~2 个节间，总共培 3~4 次，使结薯层次得到增加。依据苗情合理追肥，地下块茎在 6 月下旬开始膨大，每过 7~10 天施 1 次肥，可用 0.5%的磷酸二氢钾和 1.5%尿素溶液进行叶面喷施 4~5 次，来满足植株的需肥量，避免植株早衰。

（4）化学调控。植株在 7 月上旬生长很快，这时可以施用多效唑防止植株徒长，每亩用 15%多效唑可湿性粉剂 60g 对 65kg 水喷洒叶片，控制地上植株茎叶的生长，使地上部分的光合产物迅速朝地下块茎转移，以使块茎膨大，增加产量。

（5）防治病虫害。在移栽成活后的 20 多天，应当防止发生早、晚疫病和蚊虱类害虫、蚜虫，一旦发现有中心病株，要立刻拔除并放进塑料袋带出网室进行深埋。

（6）适时收获。为了减少病毒侵害，提高使用价值，可以适时提前收获，收获期是茎叶开始泛黄时。在收获后，放在空气相对湿度为 60%~70%的环境中，5~7 天后，开始分级整理，装袋贮藏。

（二）脱毒微型薯的工厂化生产

1. 生产设备

要在试管苗快速繁殖的基础上进行试管薯工厂化生产，除了要有试管苗生产设备外，还要加一间低温藏室、一间黑暗培养室。

（1）黑暗培养室。其大小根据试管薯的产量决定。年产约 50 万粒试管薯的工厂，通常用约 10m² 的培养室就够了。室内要有空调和货物贮藏架，房顶安装照明用日光灯和检查时要用到的安全灯。培养室保持 16~20℃，保证通风透气，以便形成大薯。

（2）低温贮藏库。此库有 3m²，里面放有多层藏架，还要配有用于存放试管薯的塑料保鲜盒，贮藏架和各层保鲜盒都要编号，以利于取试管薯时查找。

2. 试管薯生产工艺流程

对试管苗进行脱毒→筛选试管苗株系（将弱株系淘汰）→培养母株 25 天（使用液体培养基）→换入诱导结薯培养基→诱导匍匐茎 2 天（光照培养）→收集并贮藏→应用。

3. 工艺要点

（1）筛选试管苗。要挑选生长势好、薯块大且结薯时间早的茎尖无性系试管苗。

（2）培养健壮的试管苗。培养茎粗壮、根系发达、叶色浓绿的健壮试管苗，才能收获优质高产的试管薯。培养出健壮母株的基础是选择适合的壮苗培养基，将 0.15%～0.5% 的活性炭加入培养基，可以使细弱的试管苗复壮，植物生长调节剂可促进形成壮苗。调整培养基的成分，可以促进形成健壮的试管苗。根据报道，将 1mg/L 多效唑、0.7mg/L 赤霉素和 0.2mg/L 6-BA 加入 MS 培养基，可以得到健壮的马铃薯试管苗。

（3）试管薯母株培养。去掉有 1～2 个茎节的试管苗的顶芽，然后小心接种于液体培养基上，试管苗茎段浮在培养基表面静止培养，切勿振动培养基，以防培养液淹没茎段导致茎段窒息。过 3～4 周，每个茎段长成有 5～7 节的粗壮苗，此时，放到诱导结薯培养基中。培养母株要求培养室温度白天为 23～27℃，夜间为 16～20℃，每天光照 16h，光强度 2 000 lx。为了方便气体交换、形成壮苗，要选择透气性好的培养瓶瓶塞。每瓶 100～250ml 的培养瓶装 15～25 株。培养母株通常要 25 天。

（4）适合试管薯诱导的培养基。国际马铃薯中心建议使用的培养基是：MS+6-BA 5mg/L+蔗糖 8%+矮壮素 500mg/L。其中试管薯诱导过程中必不可少的条件是高浓度的蔗糖（6%～10%），因为蔗糖可以调节渗透压，还能提供足量的形成块茎时需要的碳源。

（5）诱导结薯培养。在超净工作台上去除壮苗的培养基，然后换入试管薯诱导培养基，为促使形成匍匐茎，在光照条件下培养两天，然后转到黑暗环境中培养诱导结薯。经过 3~4 天，试管内开始形成试管薯。黑暗培养温度为 16~20℃，要保证暗室的空气流通，使块茎发育。

4. 防治病虫害

生产微型薯的时候容易出现晚疫病，其高发期是阴雨天气，可用瑞毒霉药剂进行预防。

为防止进入蚜虫，每隔固定时间喷 1 次抗蚜威溶液，也可用40%乐果乳剂 2 000 倍稀释液喷雾防治蚜虫。

5. 及时收获

马铃薯种苗在秆插苗生长 45~60 天之后进入生育后期，这时种苗发黄，营养生长变慢，因此停止供应营养液和水分，以使薯皮老化，待茎叶变黄时就能收获。收获时先拔起植株，摘下微型薯，而后筛掉苗床中的基质，收获所有薯块。每次每平方米可以收 400~500 粒。一年可生产 4~5 批，共收 1 600~2 000 粒微型薯，每亩年产 80 万~100 万粒。

6. 贮藏及催芽

新收微型薯含较多水分，要在阴凉处晾干，按照 10g 以上、5~10g、1~5g 和 1g 以下分为 4 个级别，装到布袋、尼龙袋等透气的容器中，分别贮藏。

微型薯在收获后进入休眠状态。其休眠时间因品种不同而不同，通常为 110 天。如果在贮藏期发现微型薯萌芽，应从容器中将微型薯取出，在室内摊开，用散射光控制芽徒长。在贮藏过程中，为了让微型薯均匀受光，要进行几次倒翻。也可以在 4℃ 的环境中贮藏微型薯，在种植前 1~2 个月取出来，在室温下使其萌芽。用低浓度的赤霉素溶液处理微型薯，可以打破其休眠。可以用 10~20mg/L 的赤霉素浸泡新收微型薯5~10min，可以加速微型薯的发芽。

（三）脱毒微型薯的雾培繁育

20 世纪 60 年代末期，雾培技术第一次在园艺作物栽培上研究成功。1988 年美国的 Boersig 等最先将此技术用于马铃薯种薯的繁殖。韩国的 Kang 在 1996 年第一次做了成功的报道，他们将改良的雾培方式和深液流、浅液流两种无土栽培方式做了比较试验，结果显示，无论是深液流还是浅液流，其匍匐茎的生长都远不如雾培，块茎也不如雾培长得快。现在，对雾培微型种薯的研究走在世界前沿的是韩国，单株微型小薯可产 80～100 粒。国内有关雾培微型种薯繁殖的研究从 20 世纪 90 年代末开始，尹作全等在 1999 年首先做了报道，不管是根系发生、匍匐茎形成，还是结薯数量，雾培微型种薯繁殖都比无土基质栽培有很大优势，微型种薯繁殖系数提高约 20 倍，产量超过 5 倍。之后我国开始大量研究微型种薯雾培繁殖技术，还应用在了生产中。

马铃薯脱毒微型薯雾培技术通过营养液定时喷雾，使植株根系在黑暗、无基质环境中获得生长用到的养分、水分。此法可在保护植株的同时，人为调节马铃薯生育需要的条件，以便植株快速生长，可大幅度提高繁殖效率，还能依据所需种薯的规格，随时采收达到标准的块茎。此栽培方式不但能解决生产马铃薯原原种时遇到的气候和地域问题，还能实现周年生产，是目前马铃薯脱毒种薯生产领域具有很高研究价值和发展潜力的一项生产技术。

1. 雾培生产设备的调试和准备

（1）生产设备的安装与调试。雾化喷头、栽培槽、定时器、水泵、压力表、电磁阀、过滤系统、流量计、贮液池和输液管道构成了完整的雾培装置。各地依据不同的环境条件进行建设。安装完整个设施设备后，必要运行整个系统，以确保有个稳定的生产过程。

（2）栽培设施的灭菌消毒。定植前要将雾化设施和生产线彻底消毒灭菌。消毒灭菌的范围是：营养液池、进水及回水管道、支撑薯苗用的海绵、栽培及收获用具、结薯箱及盖、避光用的黑膜以及温室环境等。灭菌消毒的方法是：首先清除箱体和营养液池里的残留物，尤其是箱体内前茬留下的残枝败叶，要在保护地之外烧毁或深埋；然后清除所有可能带病的位于保护地周围的东西，将清水放入营养液池内，开动防腐泵清洗箱体及流水线；最后用 0.1% 的高锰酸钾溶液喷雾或浸泡 30min，再用 20mg/L 的农用链霉素溶液泡 24h 或喷液，用速克灵烟雾剂在定植前 2 天熏蒸温室，时间约为 8h。

2. 育苗

（1）试管苗移栽。锻炼过的试管苗可利用育苗盘在温室移栽，盘内营养基质厚 6~8cm，按 5cm 的间距开浅沟，高度小于 4cm 的苗可以直接栽入，高度大于 5cm 的苗分成两段，使每个茎段上有超过 3 个茎节，深栽大苗，浅栽小苗，埋土后露出土表 2~6 茎节，育苗密度为 5.0cm×2.5cm。栽入后使用出水量较少的细眼喷壶浇在室内困过 1 天的水，然后在育苗盘上扣高25~30cm 塑料地膜，用以保湿。

（2）育苗管理。定植时，脱毒苗苗龄的大小、生长状态对植株的生长、产量的形成影响较大，培养适龄壮苗是育苗期间的管理重点。移栽的试管苗较细，新根系长出来之前要求的空气湿度较高。另外，冬季育苗还要适当提高温度，以便缓苗发根，栽后覆盖地膜拱棚就能起到保湿、增温的作用。夏季育苗与冬季不同，太高的气温对同化产物的积累不利，会影响成活率，因此要降温，常用方法有通风和遮阴。

育苗期白天的适宜气温是 20~28℃，夜晚是 8~19℃。依据实际情况，白天将温度控制在 20~30℃，晚上 10~15℃。对幼苗生长没有显著的不良影响。在光照管理方面，冬季育苗不用遮阴，夏季则早、晚均可见光。要在中午前后进行遮阴，以降低温度，合理延长光照对幼苗发根和生长有好处。通常冬夏两季育苗在栽后第 2 天，土表上的茎节就能长出气生根，依据幼苗的生长情形，在以后第 3~4 天于拱棚一端开一个通风用的小口，然后每天加大一点，使其慢慢适应温室的环境，直到栽后第 6 天幼苗成活时将拱棚撤掉。从幼苗成活到定植这一段时间，为了加速生长，培养壮苗，遵循施肥控水的原则。通常营养基质育苗不用追肥，只要定时浇水就行。要控制在水分管理，预防幼苗徒长，但不能太缺水，要使营养基质处于潮湿状态。当育苗苗龄在 20~25 天的时候，就可以进行定植。

3. 雾培定植及雾培生产期管理

（1）雾培定植。雾培定植的适宜秧苗苗龄是 20~25 天，株高约 10cm。苗龄不足和植株矮小的苗，发棵迟、生长缓慢、结薯晚、产量少。植株、苗龄过大的苗，不但起苗之后损伤根系，定植后易萌发腋芽薯，而且其在育苗期间形成的匍匐茎已开始结薯。在栽培时，植株的同化产物供应薯块，抑制了匍匐茎的形成和根系的生长，对植株的发棵、结薯均造成影响。所以，定植时的苗株要大小适宜。植株在雾培条件下是否容易产生腋芽薯，不同品种有较大差异，在栽培管理时尤其注意。

为了不使植株太脆嫩，在起苗时伤苗，要在定植前 3 天停止对薯苗进行浇水。定植前在室内洒水，增加空气湿度，还要覆盖遮阳网，预防强光和高温。薯苗起出后用水将根部的营养土洗净，将个别植株上的小块茎摘掉，在栽培板面上留 3 叶 1 心或者 4 叶 1 心，1 个定植孔植入 1 株，并根据每个栽培槽的可定植苗数，在其一端定植双株，多备几株补栽用苗。定植时要随起随栽，若一时栽不完，就用湿毛巾盖住，以防失去水分。

（2）生产期的管理。

①剪切匍匐茎茎尖，加快结薯数量的增加。根据结薯箱可随时打开的客观条件，选择比较粗壮的匍匐茎，剪掉顶端 1~2cm，诱使萌发 1~3 条新匍匐茎，可以提高单株结薯量，不过剪后生长的匍匐茎比原来的细弱，小薯也较小，因此下一步应重点提高小薯质量。

②喷施矮化剂促进生长与生殖。假如控制不好生长平衡，

植株开始徒长，可以喷缩节胺、B9 或多效唑等矮化剂，结薯后期同时喷 0.3%~0.5%的磷酸二氢钾和 1 500 倍的多效唑，可使营养往下运输速度加快，缩短膨大天数，提高产量、质量，有较好的效果。

③适宜的温度、光照管理保证薯苗正常生长结薯。马铃薯的最适生长温度为 7~21℃，最适宜进行光合作用的温度为16~20℃，形成小薯的最佳温度是 15~18℃，如果高于 21℃，加快营养生长，匍匐茎生长快，抑制小薯生长，小薯形状就会不整齐，颜色也不佳。通常幼苗期的温度白天是 18~20℃，夜晚是15~18℃，光照时间 12~14h，光照度约为 30 000 lx；发棵期温度白天是 18~25℃，夜晚是 15~18℃，光照时间 12~14h，光照度 30 000~40 000 lx；膨大期温度白天为20~25℃，晚上最佳为13~14℃，光照时间 8h，光照度 30 000~40 000 lx。要适当启动通风、供暖和光照设施，创造适宜的温度条件，使薯苗能正常生长。

4. 营养液管理

作为雾培管理的重要工作，营养液管理包含配方管理及使用管理。从定植开始脱毒苗就会从营养液中获得水分、养分，其组成比例与使用管理对植株的生长发育、产量有直接影响，甚至决定了雾培的成败。

（1）配方管理。配方中要有比较大的钾氮比，因为马铃薯喜钾多。现蕾前茎叶生长是中心，氮占的比例稍大些；现蕾后结薯是中心，磷、钾比要相对高些。因为各地的水质差别很大，所以确定配方后应先进行试验，或者和成功配方相比较，然后再用作生产。

（2）浓度管理。马铃薯使用约 0.2%的盐分浓度比较适宜。据此，将营养液的配方浓度定为 0.21%。在不同的生育阶段选用不同的浓度：定植浓度为配方的 1/3，还要加入 0.2mg/L 的NASA，以促使幼苗发根。随着幼苗的长大和根系的增多，营养液浓度可逐渐由 1/3 增加到 1/2、2/3，每种浓度可使用 5~7 天，最后到达标准配方的浓度。培养季节不同，营养液的浓度管理也多有不同，春茬栽培后期（夏季），因为气温不断升高，植株吸水量变多，为防止营养液浓度变高，可使用配方浓度的5/6。营养液浓度改变的只是大量元素，不改变微量元素的用量，这是为了防止引起微量元素缺乏症。

（3）酸碱度管理。在雾培条件下，马铃薯的适宜pH值为5.5~6.5，这个范围内的营养液中各种营养成分有较高的有效性。pH值不论是太高还是太低，都会改变盐类溶解度，降低某些元素的有效性，以至于影响植株的吸收。如pH值低于5.5会使钙沉淀，配制营养液时可以看到溶液为乳白色浑浊状态，若pH值的范围正常，营养液会是澄清透明的。可以使用氢氧化钾和硫酸调节pH值，具体做法是：取一定量的营养液，逐滴加入浓度已知的酸或碱，pH值满足要求后，依据用量计算全部营养液要用多少酸或碱。配制营养液时控制pH值约为6，使用中其变化幅度在0.5以内，可不必调整。

（4）营养液的供给及间歇。营养液供应时间的长短，要考虑的因素有薯苗大小、温度高低、有多少根系、光照强度、昼夜变化和天气阴晴等，既要适于薯苗生长，还要经济合理，防止因无谓消耗产生浪费。通常情况下，温度低、薯苗小时，宜短时间供应；反之亦然。薯苗根系数量多时，可对应地减少供应时间；反之，则要适当加长。在温度白天为18~22℃、夜间14~17℃的情况下，供应暂停时间是白天10min、夜晚40~50min，此条件下产生的商品薯的量比白天暂停3min、夜晚暂停20min的要高很多，而且还减少了烂薯现象。

5. 病虫害的例行预防

（1）预防虫害。繁育脱毒良种最开始的播种材料是由雾培法生产的脱毒微型薯，应在封闭、防虫条件下生产，还需严格防止病毒的再次侵染。蚜虫不仅是马铃薯病毒的主要传播媒介，还是雾培生产中容易产生的虫害。另外，潜叶蝇、白粉虱和螨类等比较容易出现，其中不能确定潜叶蝇是否传播病毒，其余两种均能传播病毒。为保证原种质量，整个生育期间都要定期打药，例行预防工作，使植株在整个生育期都不受蚜虫的为害。

可根据外界蚜虫发生时间预防蚜虫，在整个生育期，每7～20天喷施1次杀虫剂。轮换使用成分不一样的药剂，可选用的药剂有绿定保、一遍净、杜邦万灵和敌敌畏烟剂。

可在春末至晚秋这一易发时期预防螨类、白粉虱和潜叶蝇，混合或交替使用预防药剂与防蚜药剂。因为这种害虫世代重叠，一个时期存在多种害虫，现在还没有对各种害虫都有效的药剂，所以一旦出现病害，必须连续用药，通常每隔1～2天施1次药，交替使用水剂和烟剂，直到杀干净。可使用的杀虫剂有敌敌畏烟剂、阿威力达等。

（2）病害预防。马铃薯雾培生产时主要有晚疫病、猝倒病和软腐病等易发病害，防止病害发生的关键是做好预防工作。

晚疫病的发生时期是秋茬夏季育苗到秋茬定植初期。从育苗成活到定植后的30天里，每半个月打1次药，还要交替使用成分不同的药剂。可选用药剂有克露、福美双、科佳、甲霜灵锰锌和杀毒矾等。

猝倒病发生的时期是秋茬夏季育苗期，病原菌经过土壤进行传播。对育苗基质进行消毒，差不多能够杜绝该病的发生。猝倒病是真菌性病害，在育苗期间喷的预防晚疫病的药剂，同时也能预防猝倒病，通常不用再打药。

软腐病发生的时期是种薯的采收期，常在气温和营养液温度较高时发生，发病最重的时期是春茬采收后期，主要危害匍匐茎和块茎，还易从块茎的皮孔及匍匐茎的伤口处侵入。病原菌跟随着营养液循环，传播非常迅速，只要发病就很难控制。所以在种薯的采收期特别是气温和营养液温较高时，应认真检查，一定要除净栽培槽内与植株脱离的残体，只要发现块茎、匍匐茎有溃烂的倾向，马上要施药。可用药剂有链霉素，每毫升营养液中加入10mg即可。使用这种用药方式和浓度，基本可以杜绝病害的发生。

6. 收获

春茬定植后约 45 天、秋茬定植后约 55 天就进入了种薯采收期。开始采收的早晚除茬次不同外，同茬内基本没有品种和熟性的差别。分次收获种薯，要根据要求确定采收标准，只要薯块经目测能达到重量标准，就要及时采。采收时应当小心操作，尽可能不伤害匍匐茎和没达到标准的薯块，碰掉的也应当时捡出，以免腐烂后污染营养液。

新收获的种薯含水量大，薯皮很嫩，要在散射光或室温条件下平铺一层块茎，晾晒约 7 天，待薯块变绿、薯皮木栓化后，再根据播种时期的需要，进行常温贮藏或冷藏。

三、种薯的脱毒繁育

（一）各级脱毒种薯的生产

各级种薯生产的基础就是脱毒苗。脱毒苗已经脱尽所有病毒，在脱毒种薯继代扩繁时，应当通过有效途径，防止病毒的再次侵染。

1. 脱毒原原种生产

在气温相对较低的地方建防虫网棚或温室，繁殖材料用脱毒苗和微型种薯，来生产脱毒原原种。生产过程中要去劣、去杂、去病株。此条件下生产的块茎叫作脱毒原原种，按照代数应成为当代。

2. 脱毒原种生产

在海拔高、纬度高、温度低和风速大的地区，与毒源作物有一定距离作为隔离区，减少一些传毒媒介，另外因为风速大而无法使传毒媒介落下，与此同时要按时喷杀虫剂。将原原种作为繁殖材料，必须完全去杂、去劣、去病株。如此生产的块茎，叫做脱毒原种，按代数算是一代。原原种、原种称为基础种薯。

3. 脱毒一级种薯生产

在纬度和海拔相对高、气候较冷、风速较大和传毒媒介少、与毒源作物有隔离条件的地方，用原种作为繁殖材料，生产种薯。在生长季节打药防蚜，去杂、去劣、去病株。如此生产的块茎叫做脱毒一级种薯，依照代数算就是二代。

4. 脱毒二、三级种薯生产

在地势较高、气候冷凉、风速较大、有一定隔离条件的地块，将脱毒一级种薯或二级种薯作为繁殖材料，生产种薯。生产过程中应当尽快灭蚜，去劣、去杂、去病株。如此生产的块茎，叫做脱毒二级种薯或脱毒三级种薯，依照代数算应当分别是三代和四代。以上三个级别的种薯分别是合格种薯、二级种薯和三级种薯，能直接生产大田品种，生产的块茎不可以作为种薯应用。

现在，因为组织培养需要的设备、设施及药品的价格昂贵，使用试管苗剪顶扦插在基质中快速繁殖微型薯原原种，虽然能节约成本，但如果要直接投入生产中，农民依然无法承受。另外，由于生产需要大量种薯，必须用微型薯原原种，在防止病毒和其他病原菌再侵染的条件下，建立良种繁育系统，为生产供应健康种薯。

（二）脱毒原种的繁育

1. 选择原种生产田

要选择纬度高、海拔高、气候冷凉、风速大、交通便利、具备良好防虫防病隔离条件且便于调种的地区作为原种繁殖基地。在没有隔离设施的条件下，原种生产田和其他级别的马铃薯、十字花科及茄科、桃园之间应保持至少 5 000 m 的距离。如果原种田隔离条件较差，要将种薯田设在其他寄主作物的上风头，尽最大能力减少有翅蚜虫在种薯田降落的机会。

要选择土壤松软、肥力优良且排水良好的地块作为原种田。原种田最好有 3 年以上未种植过茄科作物。

2. 播种

因为微型薯顶土力弱，所以播种之前要精细整地，深耕细耙，打碎土块。播种前人工造墒，以保证耕层土壤在播种到出苗期间有适量水分。在播种完后浇小水也可以。在播种深度上，通常依据的原则是：秋作宜浅不宜深，春作宜深不宜浅；沙土宜深不宜浅，黏土宜浅不宜深；水浇地宜浅不宜深，旱地宜深不宜浅。播种的时候开沟要深，覆土要浅。开沟深度为 10 ~ 13cm。覆土厚度根据微型薯大小来定，通常情况下，重量低于 3g 的微型薯，其覆土厚度不要多于 5cm；重量在 3 ~ 10g 的微型薯，其覆土厚度为 6 ~ 8cm；重量大于 10g 的微型薯，其覆土厚度为 11 ~ 12cm。种薯生产宜通过增加种植密度来增加结薯数，提高繁殖系数。

3. 田间管理

在大田种植时，因为微型薯种薯的营养体不大，前期生长慢，生于中期接近正常，后期结薯可达到大种薯的产量。所以要加强前期管理，做到早除草、早中耕、早培土，从苗期至现蕾期完成 2 次中耕培土，促使形成块茎，防止产生空心薯和畸形薯。要早追肥，全部磷肥用作种肥或底肥，苗期、花期和后期均以钾、氮肥为主。合理适时灌水，将田间土壤持水量保持在 65% ~ 75%，促使长成壮苗；从开花至收获，完成 2 ~ 3 次拔除杂株、病株和可疑株（包含地下株）的工作。

通常原种田从出苗后 3 ~ 4 周就开始喷杀菌剂，每周 1 次，直到收获。同时，要依据实际情况喷施杀虫剂来预防蚜虫、其他地上或地下害虫。害虫不但会影响马铃薯的植株生长，还能传播病毒，降低种薯质量，相比而言，后者的为害更大。

一季作区在进行原种繁殖时，要尽可能早种早收。覆膜早播和播种前催芽等早熟栽培方法能够促进植株及早形成成龄抗性，减少病毒感染，降低体内病毒的运转速度。使用灭秧方法早收留种能降低病毒转移到块茎的可能性。国内外研究结果显示，通常认为有翅蚜虫在迁飞后 10～15 天灭秧，可以有效阻止蚜虫所传播的病毒向块茎中转移。

（三）脱毒良种的繁育

良种来自于原种。良种繁育要注意以下几点。

（1）做好时间隔离工作，使用种薯催芽、覆盖地膜等措施，以便早出苗、早结薯、早收获，另外还能提前割秧，防止蚜虫为害。

（2）做好空间隔离工作，繁种基地要选择适合、绝对安全的。通常种薯基地应当和茄科作物之间设置距离超过 800m 的隔离带。

（3）2 年进行 1 次轮作。

（4）种植密度要增大，种薯繁育应当在单位面积上收获的薯块量大，而不是每一块重量大，适宜种植密度为 5 000～6 000 株/亩。

（5）提倡播种小种薯，这样刀切对病毒交叉感染的现象就能得到缓解。如果切块播种，薯块的重量要超过 30g，而且还要用药剂拌种，通常可用药剂有甲基托布津、滑石粉。

（6）尽快拔除病株，使病毒的侵染源变少。

（7）病虫害的防治方法和原种的一样。

第五节　种薯生产的检验与分级

保证脱毒马铃薯质量的一项基本措施就是种薯的检验与分级。种薯分级的基础就是种薯检验。种薯的分级有固定的标准，与哪一标准相符，就属于哪个级别。

一、种薯生产的检验

生产马铃薯种薯时的检查、检验可以保证种薯质量，主要包括以下 3 个方面。

（1）检验种薯生产地块。质检部门在生产种薯工作还未开始时，要检验播种地块的病虫害情况。主要检验的病虫害包括瘤肿病、环腐病、萎蔫病、胞囊线虫以及甲虫等。只要存在一种病害，就不能用来种植种薯。另外，不可和茄科作物套作、间作或轮作，适宜前作多年生牧草、冬小麦、豆类—谷类混播等。

（2）种薯生育期间的田间检验。通常是目测是否有蚜虫和植株的地上部位感染病毒的情况。依据各级种薯的成熟期决定何时进行田间检验。种薯的级别不同，检验次数也不同，级别高的检验次数就多。通常最少检验 2 次，第 1 次是植株有 6~8 片叶时，假如种薯有毒，病毒症状在这个时候能表现出来，因此能检查出种薯的优劣。第 2 次检查在花期，调查各地块病毒的种类、感染病毒的株数和感病程度，还要算出病情指数。是否按种薯繁殖操作规程生产种薯同样属于田间检验的范畴。

（3）室内的病毒鉴定和块茎抽查。最多是用酶联免疫法检验脱毒试管苗、从田间采集的原原种和原种、易感病毒病和良种的样品以及没有按照要求提早灭秧的各级种薯。

二、分级标准

收获各级种薯后，还要抽样检验块茎的质量，检验块茎的品种纯度、病虫害率、块茎的机械性、生理伤害性和含有多少杂质。把这个作为依据，来确定各级种薯的质量、等级。检验质量关要严，保证脱毒种薯的质量。

第七章 脱毒马铃薯的经营管理

第一节 马铃薯的市场现状

一、鲜薯市场现状与消费趋势

(一) 食用鲜薯消费

传统的马铃薯在 20 世纪六七十年代被列为高产粗粮作物，以缓解细粮供应不足。80 年代联产承包责任制之后，农民生产积极性迅速高涨，主要种植小麦、水稻、玉米等粮食作物，除在贫困山区外，马铃薯已从口粮范围退出。90 年代后，马铃薯生产再次升温，更多向蔬菜、加工原料和饲料发展。

在欧美发达国家，人均消费鲜薯在 60kg 以上，我国由于对马铃薯营养价值的认识不足，人均消费鲜薯仅 14kg。随着人们对马铃薯营养价值的认识提高和消费结构的改善，以及工业化进程的加速推进，国内马铃薯消费量大幅度增长，每年要增加鲜薯消费量 1 500 万 t。

(二) 鲜薯加工转化

在所有作物中，马铃薯的产业链是最长的。马铃薯块茎可作为粮食和蔬菜直接食用，直接在市场销售，也可加工成速冻薯条、油炸薯片、膨化食品、脱水制品等各种休闲食品、方便食品及全粉（包括雪花粉、颗粒粉，是快餐中薯泥的原料）。目前，国内加工原料薯转化，主要是以淀粉产品为主，年处理鲜薯仅 300 万 t 左右。从发展前景来看，随着我国的工业化发展进程和食品行业兴旺，淀粉的需求量将逐步增加。据权威专家预测，到 2030 年仅国内马铃薯精淀粉的需求量就会达到 180 万 t，年转化原料薯将达 1 080 万 t。马铃薯淀粉中约 70% 为支链淀粉，与玉米淀粉相比，马铃薯的淀粉的糊化度高、糊化温度低、乳结力强、透明度好、用途广。特别是马铃薯变性淀粉，已广泛用于医药、造纸、纺织、铸造等多种工业。通过加工增值，马铃薯已成为多数产区的经济支柱和优势产业。

另外，随着国民生活水平的提高和生活节奏的加快，人们的膳食习惯和消费观念将有较大改变，消费趋势显现出多样化、国际化。目前，国内仅薯条每年就要进口 10 万 t，薯片、薯泥等休闲食品的需求更是方兴未艾，未来几年我国以马铃薯作为方便食品的人口将达到 2 亿人左右，相当于德国、荷兰、英国、法国、西班牙、意大利、丹麦七国的总和。总之，我国马铃薯加工原料薯的市场需求潜力巨大。

二、对马铃薯产业的认识和重视程度不够

长期以来，在许多地区马铃薯处于一个尴尬的境地，是粮食又算不上粮食，当蔬菜看待又算不上真正的蔬菜，更没有被作为重要的工业原料看待，在农业生产中排不上位置，在市场上价格低廉备受冷落，生产、科研、加工等均不为人们重视，缺乏对马铃薯产业化的专门研究，缺少促进发展的硬措施。另外，现在许多民众对马铃薯食品的消费还有相当大的误解，错误地认为马铃薯淀粉含量高易导致发胖等。

正确的做法是，应充分把握现代社会人们追求营养、健康，担心饮食发胖等心理特点，由大的行业协会联合营养健康学会大力宣传马铃薯低脂肪、低热量、富含多种维生素和膳食纤维的营养特点，努力推广马铃薯泥、马铃薯面包、马铃薯方便面、薯糕、马铃薯饮料等新型加工食品，引导消费。这对推动马铃薯生产、销售及食品加工业等整个马铃薯产业的发展意义重大。

第二节 马铃薯加工常识

一、马铃薯加工对原料的要求

绿色食品马铃薯加工用的块茎不仅要来自专用品种，还要求其生长区域内没有工业企业的直接污染，水域上游、上风口没有污染源对该区域构成污染威胁。该区域内的大气、土壤、

水质均符合绿色食品生态环境标准，并有一套保证措施，确保该区域在今后的生产过程中环境质量不下降。具体要求如下。

（1）同一种原料中不得既有获得绿色食品认证的产品，又有未获得绿色食品认证的产品。

（2）已获得绿色食品认证的原料在加工产品中所占的比例不得少于90%。

（3）未获得绿色食品认证、含量为2%～10%（食盐5%以上）的原料，要求有固定的来源和省级或省级以上质检机构的检验报告，原料质量符合绿色食品产品质量标准要求。但食品名称中的修饰词（不含表示风味的词）成分（如西红柿挂面中的西红柿），必须是获得绿色食品认证的产品。

（4）加工用水应符合《绿色食品加工用水质量要求》中的要求。

（5）食品添加剂应符合《绿色食品食品添加剂使用准则》（NY/T 392—2000）要求。

（6）未获得绿色食品认证、含量小于2%（食盐5%以下）的原料，如部分香辛料、发酵剂、曲料等，应有固定来源且达到食品级原料要求。

（7）禁止使用转基因品种。

绿色食品马铃薯加工，首先要求加工原料的生产条件必须符合绿色马铃薯生产的技术要求，其次是加工目的不同对原料的要求也不同。如生产马铃薯淀粉，要求马铃薯块茎的淀粉含量要高，块茎耐贮藏，抗病害的稳定性要高。淀粉加工对马铃薯块茎的主要质量要求为：块茎完整、干燥无病、不发芽，块茎的最大断面直径不小于30mm，淀粉含量大于18%，发芽的绿色块茎量不大于2%，有病的块茎量不大于2%，块茎上的土小于1.5%。此外，不允许有腐烂、枯萎、冻伤、冻透的块茎存在。

加工油炸马铃薯片对马铃薯原料的要求高，对薯块的外观要求为：薯块外径40～60mm，形状规则；白肉，芽眼浅；缺陷、病害和损伤要尽量少。若薯块组织受到损伤，则在操作部位会发生褐变，导致组织出现蓝色至灰黑色的变色现象。对薯块的质量要求是：薯块中干物质的含量以 22%～25% 为宜（若薯块中的干物质含量高，则油炸薯片的含油量就较低，成品所需蒸发的水分也较少。但薯块中干物质的含量过高容易导致薯块产生黑斑，炸成的薯片也较"硬"，质量变差），龙葵素的含量不超过 0.02%，还原糖含量在 0.3% 以下。油炸马铃薯片对还原糖含量的要求最为严格，若还原糖含量高，则在油炸过程中还原糖和氨基酸会发生美拉德反应，导致产品发生变色现象，由此而引起成品变味，使成品的质量严重下降。马铃薯中的还原糖含量与马铃薯的品种、收获时的成熟度、贮存的条件如温度、时间等因素均有关系，一般贮存时间越长、贮存温度越低，还原糖的含量就越高。因此，原料贮存也很重要，一般采用 6～12℃ 的温度贮存。

二、马铃薯加工对加工环境的基本要求

（一）对厂区周围大气环境的要求

产地周围 5km 内或上风向 20km 内有工业废气排放，或 3km 内有燃煤烟气排放时，须着重监测，不得污染农作物。

（二）对加工场地环境的要求

首先要考虑绿色食品加工场地周围是否存在污染源。一般要求绿色食品企业远离重工业区，必须在重工业区选址时，要根据污染范围设 500～1 000 m 的防护林带。在居民区选址时，500m 内不得有粪场和传染病医院，25m 内不得有排放毒物的场所及暴露的垃圾堆、坑或露天厕所。除了距离上有所规定外，厂址还应根据常年主导风向，选在污染源的上风向。

此外，还要防止加工对环境和居民区的污染。一些食品企业排放的污水、污物可能带有致病菌或化学污染物，污染居民区。因此，屠宰厂、禽类加工厂等单位一般要远离居民区。其间隔距离可根据企业性质、规模大小，按《工业企业设计卫生

标准》的规定执行，最好在 1km 以上。其位置应位于居民区主导风向的下风向和饮用水水源的下游，同时应有"三废"净化处理装置。还要注意满足企业生产需要的地理条件，如地势高燥、水资源丰富、水质良好、土壤清洁、便于绿化、交通方便等。

（三）对设施的要求

加工用的各部分建筑物，如原料处理、加工、包装、贮存场所等，要根据生产工艺顺序，按原料、半成品到成品保持连续性，避免原料和成品、清洁食品和污物交叉污染。锅炉房应建在生产车间的下风向，厕所应为便冲式且远离生产车间。

食品车间必须具备通风换气设备，照明设备，防尘、防蝇、防鼠设备，卫生通风设备，工具、容器洗刷消毒设备，污水、垃圾和废弃物排放处理设备等。

需要注意的是，若加工企业既生产绿色食品又生产非绿色食品，则在生产与贮存过程中，必须将二者严格区分开来。例如用专用车间、专用生产线来生产、加工绿色食品，库房、运输车也须专用。总之，绿色食品与非绿色食品必须严格区分，不能混淆。

（四）对设备的要求

不同食品，加工的工艺、设备区别较大，所以对机械设备材料的构成不能一概而论。一般来讲，用不锈钢、尼龙玻璃、食品加工专用塑料等材料制造的设备都可用于绿色食品加工。

加工过程中，使用表面镀锡的铁管、挂釉的陶瓷器皿、搪瓷器皿、镀锡铜锅及用焊锡焊接的薄铁皮盘等，都可能导致食品含铅量大大增高，从而导致铅污染。特别是接触 pH 值较低的原料或添加剂时，铅更容易溢出。铅主要损害人的神经系统、造血器官和肾脏，可造成急性腹痛和瘫痪，严重者甚至休克、死亡。镉和砷主要来自电镀制品，砷在陶瓷制品中有一定的含量，在酸性条件下易溢出。

因此，在选择设备时，首先应考虑选用不锈钢材质的。一些在常温常压、pH 值中性条件下使用的器皿、管道、阀门等，可用玻璃、铝制品、聚乙烯或其他无毒的塑料制品代替。而食盐对铝制品有强烈的腐蚀作用，应特别注意。

生产绿色食品的设备应尽量专用，不能专用的应在批量加工绿色食品后再加工常规食品，加工后对设备进行必要的清洗。

（五）加工企业的人员与管理

食品生产者必须至少每年进行一次健康体检，绿色食品生产者必须体检合格才能从事该项工作。绿色食品生产人员及管理人员必须经过绿色食品知识系统培训，对绿色食品标准有一定的理解和掌握，并可以从事绿色食品加工生产管理。加工企业应具有完善的管理系统。

（六）制定完善的生产规程和健全的规章制度

绿色食品加工企业必须拥有具体的、全面的生产记录，这是健全和改善绿色食品生产管理，提高绿色食品生产企业的自律性所必需的，也为绿色食品发展中心的认证、管理和抽查提供审查依据。生产记录的内容应包括原料来源、加工过程、销售等环节的详细情况。

三、马铃薯加工对加工工艺的要求

绿色食品加工工艺应采用食品加工的先进工艺，只有技术先进、工艺合理，才能最大限度地保留食品的自然属性及营养，并避免食品在加工中受到二次污染。但先进工艺必须符合绿色食品的加工原则，辐射保鲜工艺是绿色食品加工所禁止的。

绿色食品加工要求最大限度地保持其原有的营养成分和色、香、味，故加工工艺中与绿色食品加工原则相抵触的环节必须进行改进。例如，过去在粉丝生产中加入明矾增加粉丝的韧性，但早在 1989 年世界卫生组织（WHO）就已将"铝"确定为食品中的有害元素加以控制，并认为铝是人体不需要的金属元素。因此，粉丝生产工艺中明矾的问题不解决，就不可能通过绿色食品认证。

第三节　马铃薯营销新思维

一、网络营销居家卖产品

马铃薯网络营销已经成为新潮流。农户可以在自家的电脑上展示自己生产的农产品，也可以用电脑上网查询农产品市场供求信息、进行农产品技术咨询等，极大地提高了农产品销售的可能性，扩大了销售范围。但是如何学会在网上营销，需要学习一些知识和技巧。

（1）利用网站发布产品信息。注册成为各大网站的会员。无论是综合性网站，还是行业网站，通常都提供会员注册服务。农产品经纪人或个体农户在进行产品发布时要在专业网站上注册成为该网站会员。

中国农业网为"农商通"会员提供的增值服务，网站重点推出"农商通"会员产品折扣模块，"农商通"会员可通过"会员办公室添加产品"的同时填写产品价格和折扣，让你的产品在同类产品中脱颖而出，吸引买家关注，获得更多交易机会。

（2）利用博客发布产品信息。博客营销是刚刚推出的一种网络营销方式。博客一词是由英文单词"weblog"（简称 blog）翻译而来，原文意义是网络日志或网络日记。

每一个用户都可以在知名网站注册一个博客，然后每天更新自己的信息。农产品交易中，企业可以利用每天更新的内容跟客户进行交流，比如发布价格信息、新产品图片、产品介绍、生产指导、会员办理，加盟信息等。

（3）邮件营销。邮件营销是指前期收集目标市场所有顾客的电子邮件地址，然后群发自己的产品信息给这些目标客户，如果能把握好所有邮件都是准客户，一年发一至两次经精心编排的产品资料及报价表出去，还是有一定的作用的。

二、家庭农庄引来八方客

家庭农庄，使游人充分的融入自然之中，体味躬耕山野的感受。家庭农庄的维形来自于乡村旅游，将特有的乡村景观、民风民俗等融为一体，因而具有鲜明的乡土烙印。同时，它也是人们旅游需求多样化、闲暇时间不断增多、生活水平逐渐提高和"文明病""城市病"加剧的必然产物，是旅游项目从观光层次向较高的度假休闲层次转化的典型例子。

一个家庭组建一个农庄，也可让游客体验农家日常生活的点点滴滴，别有一番意趣。家庭农庄可根据其功能进行分区设计，如自种区、认养区、采摘区、观光区、餐饮区等。种植蔬菜可多种多样，也可根据顾客的要求种植蔬菜，满足顾客的采摘要求。顾客既可以亲自种植，体验农事活动，也可由庄主帮助管理。既提供餐饮服务，也提供送菜服务。

三、农事节庆喜上添新喜

农事节庆是举办主体以本地农业相关资源为依托，以提高区域知名度、宣传当地特色农产品、促进当地农业及相关产业发展为目的，主动地创造事件或利用传统节庆，周期性举行的大型集会、庆典或仪式等的一系列活动。

四、新闻营销

（一）新闻营销的含义

新闻营销是企业围绕生产、经营发布具有新闻价值的事件，吸引公众的注意与兴趣，以达到提高知名度、塑造企业良好形象，并最终促进产品或服务销售的目标。作为一种营销理念和营销手段，新闻营销于2000年后逐渐进入中国，从产品概念推广到事件行销，从主题活动到行业公关，新闻营销已成为企业不可或缺的营销手段，而农资企业更需要这种营销理念和营销手段。

农化产品与技术专业性强，各个产业链之间虽然或多或少都存在一定的联系，但各个企业对自己所在行业关注多，对别的行业关注少。以污水治理技术与工艺为例，多数农化企业对此了解不多，在污水治理技术与工艺繁多的市场环境下，企业不知道如何比较，从而选择合适的技术和工艺。在一些农化企业，因污水治理技术选择不理想，进行二次投资、改造的现象屡见不鲜。

而此时，报纸、杂志等传统媒体就显示出独特的优势。这类媒体对信息层层把关，真实度、可信度较高，其新闻报道更会引起业内人士的关注。新闻的语言简练易懂，能从行业的高度、产业链的角度，把技术与产品的专业性介绍提炼成通俗易懂、有创意、有新意的新闻语言，从而引起读者足够的兴趣。读者看到有创意的标题后，会对内容产生联想，有兴趣关注这些产品和技术将给自身带来哪些利益，继而了解产品和技术的特点和优势。

企业要采取新闻营销手段，首先要求企业负责人有新闻意识和新闻敏感度，要意识到新闻能和市场开发相联系，读者一般先通过新闻报道知道产品与技术的概念，然后才去了解产品与技术的性能。即便是敌敌畏、井冈霉素、草甘膦等传统的农药产品，生产企业发布实施节能减排等相关新闻，也可以提高企业在业内外的"威望效应"，用户对该企业的产品就会产生好感。企业无论大小，都需要形成所在产业链上的"威望效应"，在提高自身实力的同时必须学会主动公关，发出自己的声音。

采用这种营销手段，围绕产品销售的宣传必不可少，这会为企业带来潜在的市场机遇。以一家草甘膦生产企业为例，如果企业生产规模很大，那么对企业规模的宣传就少不了，外商要从中国进口草甘膦，关注的是生产企业是否拥有稳定的供应量和可靠的质量，生产企业不把自己的生产规模、技术等优势或企业发展动态展示出来，就很难引起外商的关注。如果企业的生产规模很小，但在草坪、高尔夫球场等专业市场上做得好，如果这些实力为人所知，那么企业在行业内就同样占据优势地位。总之，企业只有经常发出自己的声音，即便是发表一些行业发展的观点，才能引起用户的关注，才有助于开拓市场。

（二）新闻营销的注意事项

1. 建立新闻代言人制度

（1）规范新闻代言人的言行和行动准则。

（2）新闻代言人和新闻媒体建立良好的互动合作关系，在舆论引导上取得积极的正面效应。

（3）适时发布企业动态，及时、合理安排召开新闻发布会。

（4）促进新闻营销的持续规范化发展。

2. 新闻策划树立创新观念

和其他营销方式一样，创新才能吸引人，不能创新，新闻就可能是"旧闻"了。新闻就要突出一个"新"字，新奇才能保持公众对企业的关注，这也是新闻策划的基本支点和出发点。对于企业而言，特别是要策划一些动感很强的新闻，策划一些让媒体和社会感到很有新意的事件。

3. 站在公正的立场上

企业在新闻策划之前，就要摆正自己的立场。要过多站在媒体的立场上，站在行业的立场上，站在公众的立场上，而不是一味从本企业的角度出发。微软的新闻宣传就是忽视了与政府和公众的有效沟通，因此遭受到美国政府与大众传媒的口诛笔伐，最终以其垄断市场为由，将其拆分。

4. 策划要周密

新闻营销是否成功，在于策划是否成功。从选题、策划，到具体实施，每个细节都要精心策划，不能有半点疏忽，同时要做好应急、突发情况的处理准备。事实不真实、组织不到位，造成欺骗社会、欺骗消费者的印象，就成了新闻策划的大忌。

5. 建立反馈和跟进系统

新闻发布以后，就像一颗炸弹引爆一样，谁都不会完全预测会发生什么事，要让企业的每次营销活动都做到一种极致，就得关注一些即使是细微的变化。例如，从受众的数量和特征、活动的知名度、好感度、媒体和受众的态度等方面搜集相关信息，建立反馈及效果评估机制，为本次活动的及时跟进和下次活动的更好进行打下基础。

五、关系营销

现代市场营销的发展，大致经历了消费者营销、产业市场营销、社会营销、服务营销几个阶段，而随着新经济时代的到来，关系营销得到了越来越多的关注。关系营销是为了建立、发展、保持长期的、成功的交易关系进行的所有市场营销活动。关系营销含两个基本点：一是在宏观上认识到市场营销会对范围很广的一系列领域产生影响，包括顾客市场、劳动力市场、供应市场、内部市场、相关市场及"影响者"市场（也就是政府和金融市场）；二是在微观上认识到企业与顾客相互关系的性质在不断改变，市场营销的核心从交易转到了关系。

关系市场营销与传统的市场营销存在本质的区别。传统的市场营销理念基本上是交易市场营销的观念。关系市场营销则是比交易市场营销要宽泛和进步的概念。关系市场营销的提出是全球市场竞争激化的结果，竞争的加剧导致竞争观念的改变，逐渐认识到竞争双方不仅是对抗的，也是互利合作的。

六、绿色营销

随着世界环保意识的增强和环保运动的兴起，"绿色消费""绿色产品""绿色包装"等词像雨后春笋一样涌现出来。绿色消费成了21世纪生活的主题，绿色营销便是在绿色消费的驱动下产生的。所谓绿色营销，是指企业以环境保护观念作为其经营哲学思想，以绿色文化为其价值观念，以消费者的绿色消费为中心和出发点，力求满足消费者绿色消费需求的营销策略。作为实现可持续发展基本途径的绿色营销正成为21世纪的主流，实施绿色营销是企业的必然选择。

七、文化营销

新经济时代，随着科技创新、互联网的发展与普及，企业传统上具有的战略优势，如自然资源、规模经济、资金与技术优势，由于相互间的差距正在缩小而不再成为优势或不再是恒久的优势，企业在产品、价格、渠道及促销等营销操作层面上的竞争，由于信息的畅通化，市场运作规范的建立与完善，使得相互间模仿和借鉴的速度越来越快，想以此建立起长久的竞争优势越来越不可能；而企业的文化是模仿不来的，一旦建立起来，对企业来说将是一种持久的竞争力。因此，新经济时代的竞争，将是文化的竞争。企业实施文化营销的目的在于将自身的理念文化、行为文化、物质文化、制度文化与企业的品牌、思想加以整合后，通过营销活动有效传递给社会，从生理、心理、感情、思想等多方面给消费者一种综合体验，启蒙消费者，进而建立一种消费文化。

第四节　马铃薯经济效益核算

马铃薯种植要想获得较高经济效益，首先应当了解马铃薯效益的构成因素和各因素之间的相互关系，马铃薯效益构成因素一般由马铃薯产量、市场价格、成本、费用和损耗五个因素构成。各因素之间的关系可以用关系式表示：马铃薯效益＝（马铃薯产量－损耗）×马铃薯售价－成本－费用。总的效益除以种植面积就可以算出单位面积的效益。效益分析的另外一个因素就是产出比，其关系是：投入产出比＝成本／马铃薯效益，产出比可以反映出马铃薯生产的经济效益状况。

一、种植产量估算

包括市场销售部分、食用部分、留种部分、机械损伤部分4个方面。

二、产品价格估算

产品价格估算比较容易出现误差。产品价格受到市场供求关系的制约，另一方面马铃薯商品档次不同，价格也不同。产品价格估算要根据自己生产销售和市场的情况，估算出一个尽量准确的平均价格。

三、成本的构成和核算

马铃薯种植中的主要成本，包括种子投入、农药肥料投入、土地投入、大棚农膜设施投入、水电投入等物质费用和人工活劳动力的投入。成本核算时要全面考虑，才能比较准确地估算。

四、费用估算

费用估算是指在马铃薯生产经营活动中发生的一些费用，如信息费、通信费、运输费、包装费、储藏费等均应计入成本。

五、损耗的估算

损耗的估算主要指马铃薯采收、销售和储藏过程中发生的损耗，不能忽略损耗对效益的影响。

第五节　脱毒马铃薯的现代物流

马铃薯物流尚无统一的标准，借鉴2001年我国正式实施的《中华人民共和国国家标准物流术语》，并结合马铃薯为农产品的运销特征，本书把马铃薯物流界定为：以马铃薯为对象，将马铃薯采后处理、包装、储存、装卸搬运、运输、配送等基本功能实施有机结合，做到马铃薯保值增值，最终送到消费者手中的过程。

一、采后处理

马铃薯的采后处理是为保持和改进马铃薯产品质量并使其从农产品转化为商品所采取的一系列措施的总称。马铃薯的采后处理过程包括晾晒、预储及愈伤、挑选、分类、药物处理等环节。

（一）晾晒

薯块收获后，可在田间就地稍加晾晒，散发部分水分以便储运，一般晾晒 4 h，晾晒时间过长，薯块将失水萎蔫，不利储藏。

（二）预储及愈伤

夏季收获的马铃薯，正值高温季节，收获后应将薯块堆放到阴凉通风室内、窖内或荫棚下预储 2～3 周，使块茎表面水分蒸发，伤口愈合。预储场地应宽敞、通风良好，堆高不宜高于 0.5m，宽不超过 2m，并在堆中放置通风管，在薯堆上加覆盖物遮光。

愈伤是指农产品表面受伤部分，在适宜环境条件下，自然形成愈合组织的生物学过程。马铃薯在采收过程中很难避免机械损伤，产生的伤口会招致微生物侵入而引起腐烂。为此，在储藏以前对马铃薯进行愈伤处理是降低失水和腐烂的一种最简单有效的方法。

伤害和擦伤的马铃薯表层能愈合并形成较厚的外皮。在愈伤期间，伤口由于形成新的木栓层而愈合，防止病菌微生物的感染，以及降低损失。在愈伤和储藏前，除去腐烂的马铃薯，可保证储藏后的产品质量。马铃薯采后在 18.5℃下保持 2～3 天，然后在 7.5～10℃和 90%～95%的相对湿度下 10～12 天可完成愈伤。愈伤的马铃薯比未愈伤的储藏期可延长 50%，而且腐烂减少。

（三）挑选

预储后要进行挑选，注意轻拿轻放，剔除有病虫害、机械损伤、萎蔫及畸形的薯块。块茎储藏前须做到六不要，即薯块带病不要，带泥不要，有损伤不要，有裂皮不要，发青不要，受冻不要。

（四）分类

在马铃薯储藏之前要对其进行分类，分类对于马铃薯的科学储藏意义重大。首先，要按照马铃薯的品种分类，不同品种应该分类储藏。其次，根据马铃薯的休眠期进行分类，马铃薯品种不同，休眠期也不同，同一品种，成熟度不同，休眠期也不同。再次，按照薯块等级进行分类。最后，要根据规格进行分类。《NY/T 1066—2006 马铃薯等级规格》中以马铃薯块茎质量为划分规格的指标，分为大（L）、中（M）、小（S）3 个规格。

（五）药物处理

用化学药剂进行适当处理，可抑制薯块发芽，杀菌防腐。

二、包装

包装是指在物流过程中为了保护产品、方便储运、促进销售，按一定技术方法采用容器、材料及辅助物等将物品包封并予以适当的装潢和标志的工作总称。良好的包装可以保护马铃薯在流通过程、储运过程中的完整性及不受损伤；利于马铃薯的装卸、储存和销售，同时也便利消费者使用。

作为一种农产品，传统的马铃薯包装方法相对比较简单、粗放。随着科技的进步，近年来也出现了一些先进的包装方法。

（一）传统包装方法

为了保证安全运输和储藏，马铃薯经过挑选分类之后要进行包装，大批量的马铃薯一般选用袋装。包装袋的选择，总的原则是既便于保护薯块不受损伤，装卸方便，又要符合经济耐用的要求。适合马铃薯运输包装的有草袋、麻袋、丝袋、网袋和纸箱等。

草袋的优点是皮厚、柔软、耐压，适合于低温条件下运输，而且价格低廉。缺点是使用率较低，一般使用 2~3 次就会破烂变废。

麻袋的优点是坚固耐用，装卸方便，使用率较草袋高，容量大，可以使用多次。缺点是皮薄质软，抗机械损伤能力差，价格较草袋高。但也可采用不能装粮食的补修麻袋包装薯块，这样还是比较经济实用的。

丝袋的优点是坚固耐用，装卸方便。缺点是透气性差。

网袋的优点是透气性好，能清楚看到种薯的状态，且价格低廉。缺点是太薄太透，易造成种薯损伤。

纸箱的优点是牢固美观，方便物流，但其包装空间较包装袋小，并且包装价格高。

马铃薯包装好之后，包装物上应贴好明显标识，内容包括产品名称、等级、规格、产品的标准编号、生产单位及详细地址、产地、净含量和采收、包装日期。标注内容要求字迹清晰、规范、完整。

（二）马铃薯保鲜包装技术

目前世界上马铃薯保鲜包装技术主要有日本的脱水保鲜包装技术和美国的超高气体透过膜包装技术，另外还有冷藏气调包装技术以及薄膜、辐射等。其中冷藏气调包装技术虽然有很大的优越性，但由于需降温设备及存在低温障碍及细胞质冰结障碍，因此推广使用受到了局限。而在常温条件下的保鲜包装技术将会得到发展。

1. 脱水保鲜包装技术

日本脱水保鲜包装技术是采用具有高吸水性的聚合物与活性炭置于袋状垫子中，通过吸收马铃薯呼吸作用中放出的水分，起到调节水分的作用，同时可吸收呼吸产生的乙烯等气体，以及吸收腐败的臭味，可防止结露；另外一种是采用 SC 薄膜，它同时具有吸收乙烯和水蒸气的功能，能防止结露，又可调节包装内氧气和二氧化碳的浓度，还具有一定的防腐作用。SC 薄膜透明性好，价格便宜，可防止马铃薯由于水分蒸发和微生物作用而发蔫、腐败；SC 薄膜伸缩性好，不易破裂，能长期稳定使用，保鲜效果很好。

2. 超高气体透过膜包装技术

美国研究的超高气体透过膜，可使足够的氧气透过，从而避免无氧状态发生，达到最佳的气体控制，起到保鲜的作用。

3. 保险包装箱

马铃薯的最佳储藏温度为 1~3℃，而常温在 18℃ 以上，故仅仅利用瓦楞纸板的隔热性无法达到这种要求，因此，可对瓦楞纸板的隔热进行一些处理。世界先进国家采用的方法有：在纸箱外表面复合蒸镀膜反射辐射热；在瓦楞纸板中间使用发泡苯乙烯，提高隔热性（降低热传导系数）；另外就是使用蓄冷剂。蓄冷剂通常为烷系和石油系的凝胶液体，密封在薄膜袋或吹制成的塑料容器中，它可吸收周围环境中的热量，降低温度，使马铃薯保鲜包装保持在一定的温湿度，延长保鲜储藏期。并且它可以反复使用，还可以调节蓄冷剂的用量，制成可调式保鲜包装冷藏箱。

三、储存

储存对于调节生产、消费之间的矛盾，促进马铃薯生产和流通都有十分重要的意义。

储存的目的是消除马铃薯生产与消费在时间上的差异。生产与消费不但在距离上存在不一致性，而且在数量上、时间上存在不同步性，因此在流通过程中，马铃薯从生产领域进入消费领域之前，往往要在流通领域中停留一段时间。

四、装卸搬运

装卸搬运是指同一地域范围内进行的，以改变货物的存放状态和空间位置为主要内容和目的的活动。

装卸搬运贯穿于马铃薯流通的各个阶段，做好装卸搬运工作具有重要意义：加速车船周转、提高港、站、库的利用效率；加快货物送达、减少流动资金占用；减少货物破损、减少各种事故的发生。

（一）装卸搬运的原则

物流活动中，组织装卸搬运工作，应遵循以下原则。

1. 有效作业

有效作业原则是指所进行的装卸搬运作业是必不可少的，尽量减少和避免不必要的装卸搬运，只做有用功，不做无用功。

2. 集中作业

在有条件的情况下，把作业量较小的分散的作业场地适当集中，以利于装卸搬运设备的配置及使用，提高机械化作业水平，以及合理组织作业流程，提高作业效率。另外，尽量把分散的零星的货物汇集成较大的集装单元，以提高作业效率。

3. 安全装卸、文明装卸

装卸搬运作业流程中，不安全因素比较多，必须确保作业安全。作业安全包括人身安全、设备安全，尽量减少事故。另外要文明装卸，避免马铃薯在装卸过程中产生破损。

4. 简化流程

简化装卸搬运作业流程包括两个方面。一是尽量实现作业流程在时间和空间上的连续性；二是尽量提高货物放置的活载程度。

（二）装卸搬运合理化

装卸搬运必然要消耗劳动，这种劳动消耗量要以价值形态追加到马铃薯的价值中去，从而增加产品和物流成本。因此，应科学、合理地组织装卸搬运过程，尽量减少用于装卸搬运的劳动消耗。

1. 防止无效装卸

无效装卸就是用于货物必要装卸劳动之外的多余装卸劳动。防止无效装卸从以下几方面入手。

（1）减少装卸次数。物流过程中，货损发生的主要环节是装卸环节，装卸次数减少就意味着减少装卸作业量，从而减少装卸劳动消耗，节省装卸费用。同时，减少装卸次数，还能减少货物损耗，加快物流速度，减少场地占用和装卸事故。

（2）消除多余包装。包装过大过重，在装卸时反复在包装上消耗较大的劳动，这一消耗不是必须的，因而形成无效劳动。

（3）去除无效物质。进入物流过程的马铃薯，有时混杂一些杂质，如过多的泥土和沙石，在反复装卸时，实际对这些无效物质反复消耗劳动，因而形成无效装卸。

2. 充分利用重力，省力节能

在装卸时可以利用货物本身的重量，将重力转变为促使货物移动的动力，或尽量削弱重力的影响，减轻体力劳动的消耗。例如，从卡车、铁路货车卸物时，利用卡车与地面或小搬运车之间的高度差，使用溜槽、溜板之类的简单工具，依靠货物本身重量，从高处滑到低处，完成货物装卸作业。又如在进行两种运输工具的换装时，将甲、乙工具进行靠接，从而使货物平移，从甲工具转移到乙工具上，这就能有效消除重力影响，大大减轻劳动量。

3. 利用机械实现"规模装卸"

规模装卸能提高能效。

4. 提高物料的装卸搬运活性

物料放置被移动的难易程度，称为活载程度，亦称活载性或活性。为了便于装卸搬运，马铃薯应放置在最容易被移动的状态。

五、运输

运输是使用运输工具将物品从一地点向另一地点运送的物流活动，以实现货物的空间位移。运输是马铃薯产、供、销过程中必不可少的重要环节。马铃薯本身含有大量水分，对外界条件反应敏感，冷了容易受冻，热了容易发芽，干燥容易软缩，潮湿容易腐烂，破伤容易感染病害等。薯块组织幼嫩，容易压伤和破碎，这就给运输带来了很大的困难。因此，安排合理的运输，是做好运输工作的先决条件。

（一）运输距离

运输距离的远近，是决定运输合理与否的基本因素之一。因此，物流部门在组织马铃薯运输时，首先，要考虑运输距离，应尽可能实行近产近销，就近运输，尽可能避免舍近求远，要尽量避免过远运输与迂回运输。

（二）运输时间

根据马铃薯的生理阶段及其对温度的适应范围，一般可划分为3个运输时期，即安全运输期、次安全运输期和非安全运输期。

安全运输期，是自马铃薯收获之时起，至气温下降到0℃时止。这段时间马铃薯正处于休眠状态，运输最为安全，在此期间应抓紧时机突击运输。

次安全运输期，是自气温从0℃回升到10℃左右的一段时间。这时随着气温的上升，块茎已度过休眠期，温度达5℃以上，幼芽即开始萌动，若是长距离运输，块茎就会长出幼芽，消耗养分，影响食用品质和种用价值，故应采用快速运输工具，尽量缩短运输时间。

非安全运输期，是自气温下降到0℃以下的整个时期。为了防止薯块受冻，在此期间最好不运输，如因特殊情况需要运输时，必须包装好，加盖防寒设备，严禁早晚及长途运输。

此外，长距离运输，不仅要考虑产区的气温，而且要了解运达目的地的温度。一般地讲，由北往南运时，冬季应以产区的气温而定，春季应以运达目的地的气候而定；由南往北运时则相反，这样既可防止薯块受冻，又能避免薯块长芽。

（三）运输费用

运输费用占物流费的比重很大，它是衡量运输经济效益的一项重要指标，也是组织合理运输的主要目的之一。运输费用的高低，不仅关系到物流企业或运输部门的经济核算，而且也影响马铃薯商品的销售成本。如果组织不当，使运输费用超过了马铃薯价格本身，这是不合理的。

（四）运输方式

在交通运输日益发展，各种运输工具并存的情况下，必须注意选择有利的运输方式（工具）和运输路线，合理使用运力。按运输设备及运输工具的不同分类，马铃薯的运输方式主要有公路运输、铁路运输、水路运输、航空运输和复合运输。

1. 公路运输

公路运输指使用机动车辆在公路上运送货物。公路运输主要承担近距离、小批量货运，承担铁路及水运难以到达地区的长途、大批量货运，以及铁路、水运优势难以发挥的短途运输。其特点是灵活性强、便于实现"门到门"运送，但单位运输成本相对比较高。

2. 铁路运输

铁路运输主要承担中长距离、大批量的货物运输，在干线运输中起主要运力作用。其特点是运送速度快、载运量大、不大受自然条件影响；但建设投入大、只能在固定线路上行驶、灵活性差、需要其他运输方式配合与衔接。长距离运输分摊到单位运输成本的费用较低，短距离运输成本很高。

3. 水路运输

水路运输指使用船舶在内河或海洋运送货物。主要承担中远距离、大批量的货物运输，在干线运输中起主要运力作用。在内河及沿海，水运也常作为小型运输工具，承担补充及衔接大批量干线运输的任务。其特点是能进行低成本、远距离、大批量的运输，但运输速度慢，且受自然条件影响较大。

4. 航空运输

航空运输主要承担价值高或紧急需要的货物运输。其特点是速度快，但单位运输成本高，且受货物的重量限制。鉴于马铃薯自身的特点，一般较少使用航空运输。

5. 复合运输

复合运输指综合利用多种运输方式，互相协调、均衡衔接的现代化运输系统。复合运输加快了运输速度，方便了货主，具有广阔的前景。

运输方式的选择应满足运输的基本要求，即经济性、迅速性、安全性和便利性。要综合考虑库存包装等因素，选择铁路、水运或汽车运输，并确定最佳的运输径路。要积极改进车船的装载技术和装载方法，提高技术装载量，使用最少的运力，运输更多的货物，提高运输生产效率。

（五）运输环节

在物流过程诸环节中，运输是一个很重要的环节，也是决定物流合理化的一个根本性因素。因为，围绕着运输业务活动，还要进行装卸、搬运、包装等工作，多一道环节，须多花很多劳动，所以，物流部门在调运马铃薯物资时，要对所运马铃薯的去向、到站、数量等作明细分类，尽可能组织直达、直拨运输，使其不进入中转仓库，越过一切不必要的中间环节，减少二次运输。

上述这些因素，它们既互相联系，又互有影响，在具体运输过程中需制订最佳运输方案。在一般情况下，运输时间快、运输费用省，是考虑合理运输的两个主要因素，它集中地体现了在马铃薯物流过程中的运输经济效益。

六、配送

马铃薯配送是指按照消费者的需求，在马铃薯配送中心、批发市场、连锁超市或其他马铃薯集散地进行加工、整理、分类、配货、配装和末端运输等一系列活动，最后将马铃薯交给消费者的过程。在马铃薯物流整个过程中，配送是连接马铃薯生产与消费的中间桥梁，在物流成本中，配送成本占很大比重，提高马铃薯的配送效率，降低配送成本，影响着马铃薯物流系统的运作效率。配送工作主要由以下步骤组成。

（一）制订配送计划

配送计划的制订是经济、有效地完成任务的主要工作。配送计划的制订应有以下几项依据。

（1）订货合同副本，由此确定用户的送达地、接货人、接货方式，用户订货的品种、规格、数量，送货时间及送接货的其他要求。

（2）所需配送的货物的性能、运输要求，以决定车辆种类及运搬方式。

（3）分日、分时的运力配置情况。

（4）交通条件、道路水平。

（5）各配送点所存货物品种、规格、数量情况等。

（二）下达配送计划

配送计划确定后，将到货时间、到货的规格和数量通知用户和配送点，以使用户按计划准备接货，使配送点按计划发货。

（三）按配送计划确定马铃薯需要量

各配送点按配送计划审定库存物资，保证配送能力，对数量、种类不符要求的物资，组织进货。

（四）配送点下达配送任务

配送点向运输部门、仓储部门、分货包装及财务部门下达配送任务，各部门完成配送准备。

（五）配送发运

配货部门按要求将各用户所需的货物进行分货及配货，然后进行适当的包装并详细标明用户名称、地址、配达时间、货物明细。按计划将各用户货物装车，并将发货明细交司机或随车送货人。

（六）配达

车辆按指定的路线运达用户，并由用户在回执上签字。配送工作完成后，通知财务部门结算。

主要参考文献

孙红男. 2016. 不可不知的马铃薯焙烤类食品［M］. 北京：中国农业出版社.

张晨光. 2016. 马铃薯栽培与加工技术［M］. 天津：天津科学技术出版社.

张丽莉，魏峭嵘. 2016. 马铃薯高效栽培［M］. 北京：机械工业出版社.

邹彬，吕晓滨. 2014. 马铃薯脱毒种薯生产与高产栽培［M］. 石家庄：河北科学技术出版社.

左晓斌，邹积田. 2012. 脱毒马铃薯良种繁育与栽培技术［M］. 北京：科学普及出版社.